U0142887

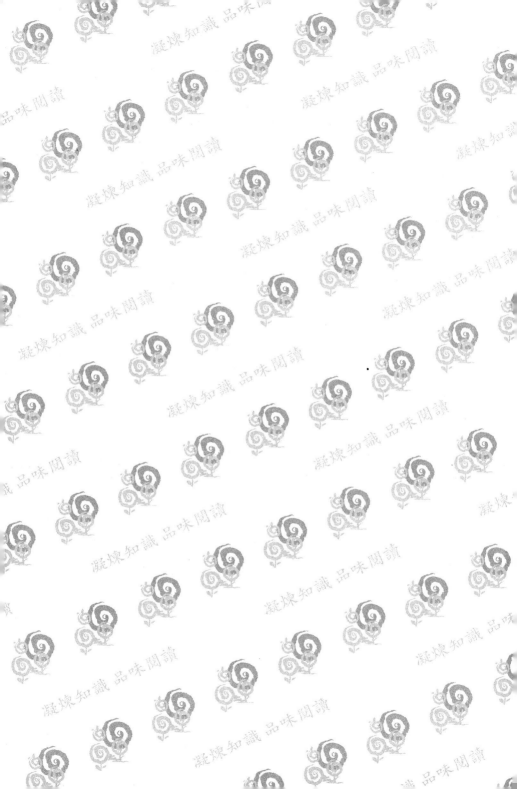

五南出版

顧客服務管理
掌握客服心理的優勢

林仁和 著

五南圖書出版公司 印行

序

　　《顧客服務管理》是一本設計為「顧客服務」相關課程的教科書，同時也為從事於顧客服務工作者的參考書。首先，針對教科書的需求，本書規劃為：〈基礎篇〉、〈實務篇〉與〈發展篇〉等三個部分共13章。〈基礎篇〉（第一～三章）為初次修習者提供顧客服務的理論與背景知識；〈實務篇〉（第四～十章）提供顧客服務實際工作相關問題的討論；〈發展篇〉（第十一～十三章）則提供顧客服務工作者未來專業發展建議。同時，也為授課教師提供包括：教學計畫，課程PowerPoint，個案討論與測驗等等的「教師手冊」。其次，為滿足實務工作者的需要，在章內提供客服故事、個案討論與心理測驗，以便讓理論與實務作直接的連結；在〈附錄〉部分提供「能力測驗與諮詢」以及「專業證照介紹」，幫助實務工作者檢驗、肯定以及加強自己的專業能力。

　　現代產業的成功依賴生產、銷售與服務的有效配合與整合，然而在台灣，服務的重要性經常被疏忽，甚至被漠視，理由很簡單：在缺乏競爭的情況下，產業獨占者很難主動改善服務，唯有在競爭的情況下，才被迫改善，以台灣電信產業為例，促成中華電信的客服態度與品質的改善，是個典型個案。目前台灣的新興小型產業，特別是精緻農業、休閒與觀光產業如雨後春筍般蓬勃發展，期待能夠在發展時期建立有效的客服機制，以便永續發

展。有鑑於此，筆者向美國電信產業龍頭的美國電話電報公司(AT&T)取經與讀者分享，早在1910年的年度報告中，就主動從顧客服務進行探討。報告中指出：「有時候自私會讓人不考慮他們所服務的顧客的權益。然而，值得讚賞的願望一直存在，並且永遠存在，那就是，但願所有的人都能花最小的代價，獲得最公正的服務。而『服務者』和『生產者』也從他們所提供的服務或生產的產品中獲利，公司應當尊重並善待顧客。」〈第一章〉

　　針對顧客服務的相關議題，例如：認識顧客為何而消費〈第四章〉，了解顧客的需要與滿足〈第五章〉，提供顧客適當的消費訊息〈第六章〉，善用顧客的愛美心理〈第七章〉，有效的說服與誘導〈第八章〉，顧客的抱怨與流失〈第九章〉以及加強顧客的忠誠度〈第十章〉等，在本書的〈實務篇〉裡有詳細的討論。進一步，為鼓勵客服工作者的專業發展，提供三個發展方向：掌握顧客服務的優勢〈第十一章〉，掌握優質的顧客服務〈第十二章〉以及學習在工作中專業成長〈第十三章〉。為了反映顧客服務問題的時代性，本書的參考資料都及時更新，以三位客服名師為例，Elaine K. Harris 的2012年*Customer Service: A Practical Approach*（暫譯：《顧客服務實務》）(第6版)；Paul R. Timm 的 2013年*Customer Service: Career Success Through Customer Loyalty*（暫譯：《顧客服務：從顧客忠誠取得事業成功》）(第6版)，以及Emily Yellin的 2010年*Your Call Is (Not That) Important to Us*（暫譯：《你的電話對我們非常（不）重要》）。同時，也為讀者介紹相關的新概念，例如「顧客黏著

性」，2012年12月14日媒體報導指出，在三星和蘋果競爭激烈中，蘋果占了顧客黏著性優勢，就連三星電子的一位高級主管也承認在家裡使用蘋果產品 iPhone與iPad。〈第十二章〉。「認真與當真」則是反映工作者與管理者關係的新概念，王品集團董事長戴勝益2013年6月15日在台大畢業典禮致詞時指出的：「你認真，別人就會當真。」勉勵學子卡位不重要，因為「成功不是第一個出發的，而是最後一個倒下的。」〈第十三章〉

　　值此台灣產業高速發展與劇烈競爭之際，顧客服務的相關議題進一步被提出來討論，包括顧客服務概念的確立、服務態度、技巧與品質的提升，以及大專相關課程的加強等等，顯得有其必要性，本書的出版恰逢其時。此外，為了提供第一線客服工作者就業實務以及企業招聘，職前與在職訓練參考，筆者將出版《顧客服務手冊》。此外，本書的出版要感謝五南出版社張毓芬主編的大力支持。最後，本書撰寫過程中，獲得了許多熱心人士的鼓勵、參與及提供意見，一併致謝。

林仁和

2013年6月

美國紐澤西

目　錄

序......i

Part 1　基礎篇......001

Chapter 1　認識現代顧客服務......003

01 顧客服務的意義......005

02 顧客服務的誕生......011

03 顧客服務的發展......014

04 心理取向的顧客服務......020

Chapter 2　客服工作的基本素質......031

01 成熟的個性......035

02 心理的成熟......040

03 適應能力......047

Chapter 3　客服工作者的特質......055

01 同理心......059

02 人際溝通......063

03 觀察力......067

Part 2　實務篇......075

Chapter 4　認識顧客為何而消費......077

01 享受的代價......079

02 消費的動機......084

03 消費滿足感......092

Chapter 5　了解顧客的需要與滿足......099

01 需要的條件與特徵......103

02 需要的層次理論......108

03 客服心理的應用......115

Chapter 6　提供顧客適當的消費訊息......123

01 訊息的意義......125

02 訊息心理學......129

03 大眾心理健康......137

Chapter 7　　善用顧客的愛美心理......145

01 美感的心理......148

02 在生活中的美......153

03 美的心理應用......156

Chapter 8　　有效的說服與誘導......163

01 說服的基礎......165

02 說服與誘導......169

03 給顧客增值資訊......176

Chapter 9　　顧客的抱怨與流失......185

01 掌握顧客情緒......187

02 處理顧客的不滿......193

03 避免顧客流失......199

Chapter 10　加強顧客的忠誠度......205

01 識別顧客的忠誠......207

02 留住好顧客......215

03 開發忠誠顧客......219

Part 3　發展篇......227

Chapter 11　掌握顧客服務的優勢......229

01 認識時代趨勢......231

02 電話服務優勢......238

03 網路客服優勢......245

Chapter 12　掌握優質的顧客服務......255

01 掌握重要任務......257

02 掌握建設性工作......262

03 避免浪費時間......266

04 掌握團隊合作......271

Chapter 13　學習在工作中專業成長......281

01 學習挑戰自我......285

02 掌握經驗傳承......293

03 發展專業成長......298

後記......308

參考書目......310

Appendix 附錄......311

Appendix 1 能力測驗與諮詢......313

01 人際關係......315

02 自我控制能力......322

03 助人動力......329

04 情緒控制能力......335

05 處理衝突能力......340

06 負責能力......347

07 溝通能力......352

08 應變能力......358

Appendix 2 專業證照介紹......365

01 SIM.顧客服務管理師......367

02 CSIM服務稽核管理師......369

03 SQMM服務品質經營師......371

04 SQMI服務品質專業講師......373

05 SQMC服務品質顧問師......375

Part 1

基礎篇

♥ Chapter 1　認識現代顧客服務
♥ Chapter 2　客服工作的基本素質
♥ Chapter 3　客服工作者的特質

Chapter 1

認識現代顧客服務

01 顧客服務的意義

02 顧客服務的誕生

03 顧客服務的發展

04 心理取向的顧客服務

人人都知道一台有高效能的電腦，除了硬體配備之外，還需要軟體的搭配才能發揮最大的效益。可惜，這一點被許多企業忽視（特別是台灣）。讀者若詳細觀察各專櫃、賣場以及銷售場所，寧可花大錢裝潢硬體設備與外觀，卻沒有讓第一線服務員有足夠的人際溝通訓練與在職進修機會，這種現象至為可惜。企業經營的最終目的是營利賺錢，但是，在營利的同時，除了能夠讓消費大眾購買到需要的商品，也能夠獲得心理上的滿足感、成就感與幸福感，不是更完美嗎？在這個前提下，心理取向的顧客服務就產生了，這是服務心理學的基礎背景。

在這個背景前提下，本章要探討下列四個議題：一、顧客服務的意義；二、顧客服務的誕生；三、顧客服務的發展；四、心理取向的顧客服務。

01
顧客服務的意義

　　大家對「顧客服務」這個名詞雖然並不陌生，但是作為一位專業客服人員，有必要作更深入的了解。要討論兩個議題：何謂顧客服務以及顧客導向的服務。最後還提供一項個案討論：善待他人的難度。

一、何謂顧客服務

　　顧客服務，簡稱客服，是客服員向消費者提供服務前後所採取的一種措施，是銷售前服務和銷售後服務之一。它的重要程度依據產品、種類及顧客群而不同。例如，一個老顧客與新顧客相比較可能需要較少的售前服務（如提供建議等）。在很多情況下，如果所消費的是服務而非產品，那麼顧客服務就顯得更加重要了。

　　顧客一詞(customer)源於習慣(custom)，也就是說，一個顧客是時常探訪某店舖或某商品供應場所的人，他常在該處購買，和商場工作人員維持良好關係。在維持習慣性的需求與供應過程中，客服人員必須努力謀求顧客的滿意感受，以便持續維持這個消費「習慣」。因此，心理學的理論與技巧就需要被善用。在這

個前提下，顧客也是一個與市場營銷相關的「作品」，客服人員是作者，可以透過編輯或修訂擴充其內容，進而創造客戶。因此，一位忠實的消費者，必然是經過客服人員（作者）透過編輯或修訂擴充其內容的精心傑作。

以目前的市場情況來說，顧客服務由人來提供，例如，銷售員或客服代表；同時，也可以由自助服務來完成，例如：線上服務、官方網頁網上留言。顧客服務，不論其方式是人工或自助，通常都是一個企業客戶價值體系不可或缺的一部分。顧客是商業服務或產品的採購者或消費者，他們可能是最終的消費者、代理人或供應鏈內的中間人。在市場學理論中，供應商必須在銷售前了解顧客及其市場的供求需要，否則事後的促銷廣告，只是一種資源的浪費。現代社會中，「顧客就是上帝」是企業界的流行口號。在客戶服務中，有一種說法：「顧客永遠是對的」。

顧客服務的概念是工商業作為競爭優勢的增值工具，建立一個顧客服務管理的環境包括戰略、過程、組織及動力，並且需要積極研究來發現顧客的需要。可惜，目前企業的R&D（研究與發展）方案大部分沒有包括這個項目。顧客服務工作，基本上包括「友善」和「有用」的客服人員，他們必須具備下列六項與心理學有關的技能：

(1) 聽的理解能力。
(2) 講的溝通能力。
(3) 適當態度招呼顧客。
(4) 適當的身體語言。

(5) 了解顧客的需求。

(6) 能夠應付抱怨或投訴。

二、顧客導向的服務

顧客導向是以顧客為中心的一種思維。過去企業的生產，源自於一種新技術及產品，企業以一種「產品中心」的思維模式經營著，現在仍有許多企業維持此種觀點。公司的目標在於開發新產品與新技術，以產品生產為中心的危機在於對市場的需求不夠敏感，製造出來的產品不符合市場需求，導致投入大量資源所開發出來的新產品，卻不被消費者所青睞。顧客中心是指公司一切運行都圍繞著顧客需求出發，產品的開發不再是追求高技術，而在於真正符合消費者的需求，換言之，企業產品的開發不再僅僅以高科技為前提，同時也兼顧市場消費者的價值觀取向。

滿足顧客價值觀需求是企業客服的終極目標。這個目標的達成是該企業經過漫長的客服滿意實務，然後凝聚了眾多忠實客戶，所累積的績效總結。換言之，由於它凝聚了眾多忠實客戶，也是該企業在優越績效領導人CEO以及管理團隊合作下，展現在整個業界地位的相對性評估。美國賈伯斯得到2012全球百大CEO冠軍為例，值得讀者深思。

《哈佛商業評論》(*Harvard Business Review*)在聖誕節前公佈了2012年「全球百大最佳CEO」的名單，排名第一的是蘋果(Apple)賈伯斯（Steve Jobs），其次為亞馬遜（Amazon）的貝索斯(Jeff Bezos)和三星電子(Samsung)前CEO尹鐘龍。《哈佛商業評論》公佈名單後表示，排名的依據是從1995年各CEO任期過的

數據算起，統計有關各CEO任期內，股東回報及公司市值的增長，所以名單也會包括已經離職、或逝世的非現任CEO。賈伯斯擔任蘋果執行長期間，帶動蘋果快速成長，業績無論在iPod、iPhone或改款的iMacbook等革命性產品上，滿足了市場需求，擁有廣大的忠實顧客，讓公司有很顯著的業績成長，使得蘋果業績一路長紅到2012年為止。

　　滿足顧客價值觀需求，具有兩種不同的意義：價格價值及心中價值。價格價值：是指以「價格」來認定顧客所獲得的價值。顧客認為可以用較低的價格買到相同的產品，其獲得的價值比較高。相反的，假使顧客認為他們用過高的價格買到相同的產品或服務，則所獲得的價值比較低。心中價值：則是顧客以他們從產品或服務中所獲得的核心利益來定義價值，也就是說顧客以自己從產品或服務所獲得的滿足感大小，主觀地判別其價值高低。在這項顧客心中價值，客服心理學的技巧正好可以發揮影響力。

個案討論：
善待他人的難度

　　瑪姬和拉瑪爾剛剛搬進一所更大的房子，他們不想要花太多錢，又想把家裡佈置得典雅一點。星期六他們出門去採購家具，他們來到第一家高折扣家具店「家具倉庫」(Furniture Barn)。真是店如其名，這裡看上去就像是一個穀倉，商品一堆堆地並且疊得很高，到處亂七八糟。有些商品還是出廠時包裹著塑料薄膜的樣子，而有的商品已經拆封並有了灰塵。這家店裡的商品非常多，但是在陳列方面實在是讓人難以恭維。儘管這家店因價格實惠而得名，但是商品都沒有標價。

　　剛一進店門，一位有鬍子、穿著短褲和無袖T恤的中年男子就從他那間深似洞穴的、堆滿了餐桌的房間裡，向夫妻倆打了聲招呼：「需要幫忙請告訴我。」他從房間向外大喊了一句。之後，他們就再沒見過此人。夫妻倆在店裡逛了大約10分鐘後匆匆離去，顯然他們對這家店沒有什麼好感。

　　他們到的第二家店名叫「烏利家具」(Whooley Furniture)。在這裡，商品擺放得井然有序，每一件物品上都標註了價格。當兩人走進店裡時，一位約40歲的售貨員安妮走上前打招呼，並自我介紹。他們握了握手，在夫妻倆簡要地說明了來意之後，安妮

邀請他們四處看看，她把他們帶到了家用家具區，並告訴兩位她樂意回答他們提出的任何問題。她還提到店裡正對某個牌子的各款躺椅進行促銷，並帶他們去看。安妮穿著一條長褲和一件黃色的寬鬆衫，戴了一條很得體的項鍊。儘管說不上非常漂亮，但是很迷人。她微笑著，讓人感覺很舒服，當夫妻倆在店內瀏覽時，她還特意迴避，給二人一些自在的空間。

　　儘管瑪姬和拉瑪爾的預算很緊，「家具倉庫」店裡的商品也很便宜，但大約一個小時後，夫妻倆還是在「烏利家具」的安妮那裡買了大約2000美元的東西。當朋友問為什麼在那裡購物時，拉瑪爾說：「我們感覺他們希望與我們做生意，而且安妮也成了我們的朋友。」

 討論

1. 如果你是「家具倉庫」的老闆，你會從這個案例中吸取什麼教訓？你會採取什麼行動？

2. 在這樣的企業中，銷售人員的個性有多重要？安妮的方法對任何企業都適用嗎？

02
顧客服務的誕生

　　「顧客服務」這個概念從何時開始？要在文獻中找到確實的證據並不容易，我們能夠追溯到的最早紀錄是美國電話電報公司(AT&T)1910年的年度報告。而電話轉接員「Hello Girls」的興起與淘汰，是這個事件的核心。我們在這裡要簡要地介紹這段歷史背景。

一、美國電話電報公司

　　在美國電話電報公司(AT&T)1910年的年度報告中，分別從顧客和公司兩方面對公司業務進行了探討。這是有正式紀錄中，第一次由企業提出「顧客服務」這個概念，更是把這個議題排在公司業務之前，可見得美國電話電報公司當時的總經理西奧多·牛頓·威爾，是多麼具有宏觀遠見。他在報告中指出：「有時候自私會讓人不考慮他們所服務的顧客的權益。然而，值得讚賞的願望一直存在，並且永遠存在，那就是，但願所有的人都能花最小的代價，獲得最公正的服務。而『服務者』和『生產者』也從他們所提供的服務或生產的產品中獲利，公司應當尊重並善待顧客。」

要想把顧客從電報通信中吸引過來，就必須要改善接線生的服務品質。一群性格柔順、聲音動聽的女孩們被選為接線員 Hello Girls，以接替最早期由電報送件員轉任的男生。她們有平和的聲音、清脆的音調、纖巧的手指、隱忍的性情以及持久的注意力……，這些品質正是電話服務行業所需要的，而女性接線生的斯文有禮與她們對收入、獨立的渴望有關，換言之，Hello Girls 在提供顧客滿意服務的同時，也滿足個人的成就感，這正是客服的核心價值之一（其他項目是給企業帶來的經營效益）。另外，挑選女性接線生的關鍵是看她們的舉止和可塑性。公司都對這些接線小姐們進行著非常嚴格的訓練，以便讓她們形成某種特定的風格。上班以後，她們還要接受各種嚴格的在職訓練，諸如說話與溝通培訓之類。例如：早期的電話系統常常伴有許多雜音，因而一些詞語被挑選出來，要求進行特定發音。

公司高階主管指派了一個專門的管理團隊，負責督導這些接線小姐，讓她們達到公司的各項要求。這很像是現在的客服中心所採用的管理模式。例如，她們要一直坐在話機前，不能東張西望，也不能跟其他人交談，不然就可能會錯過交換機表示有電話打進來的警示閃燈，而任何來電，都必須在4.5秒以內接聽。對於能跟顧客說什麼，不能跟顧客講什麼，也都有嚴格的限制。「請」和「謝謝」的使用更是不可少。有時候，在顧客和接線生不知情的情況下，監督人員還會對其通話進行監聽。

二、Hello Girls的消逝

在19世紀末至20世紀初，自動交換技術已發展得比較成熟，

地方接線生的工作也漸漸消逝。地區通話已不再需要有人來進行人工接線。「Hello Girls」正陸續消失。幾年後，隨著自動交換技術系統的廣泛啟用，對這些漸已褪色的接線小姐們的懷舊情緒開始蔓延開來。1906年《紐約時報》的週日特刊裡發表了一篇文章：〈回顧：接線小姐的消逝〉(The Passing of the Telephone Girl：A Retrospect)。開頭提到：「無需接線小姐的自動電話系統已被廣泛採用，我們不禁為這些『Hello Girls』的未來感到擔心。」文中估計，當時美國大概有500多萬部電話，約45,000名接線小姐每天約要說出2,500萬次「你好」。

以電話為工具的顧客服務行業與其他行業相似，也是在進化過程中，為了減少人力成本，而以機械來代替人工操作。在這一刻，讓我們停下來想一想，這究竟意味著什麼。一台機器，不論構造有多精巧，它始終不能思考。我們開始使用自動電話，而不再需要能聽懂我們說話的女孩，卻不去想想我們自己為此要付的代價。那種由親切的聲音帶給我們的自信感，消失了，取而代之的是一種難以抑制的缺失感。請讀者想想看，我們要進行一次的顧客服務，特別是大型企業，需要經過多少的電話機按鍵關卡，才能夠接通到服務人員？

03
顧客服務的發展

　　隨著自動交換機的普遍應用在商業活動，新科技的不斷創新，於是顧客服務轉向自動化。1960年代出現的按鍵式電話取代了旋轉式撥號電話開始，1960年代末期的800免付費電話，以及到1990年代末期網際網路的興起，歷經了60年的客服發展歷史。其中最重要的，也是與本書有直接關係的是：1970年代中期，消費者心理學開始前所未有地熱門起來。

一、免付費電話

　　按鍵式電話的出現，成就了自動應答系統的盛行；自動錄音取代了對方付費電話中接線生的位置；流行一時的答錄機是語音郵件(Voice Mail)之先驅；個人電腦淘汰了打字機。電話求助熱線也隨之出現，來幫助處理消費者所遇到的各種問題。求助熱線每天24小時開通，也逐漸強化了24小時提供顧客服務的理念。

　　在1960年代末期，美國電話電報公司推出WATS或是800電話（台灣的0800）系統能夠為企業節省此類顧客服務的成本開銷。該系統提供了一種更為合理的服務，就是對顧客關於諮詢、銷售、維修以及投訴等所撥打的長途電話，對企業進行包月收費

服務。同時，WATS也是美國電話電報公司針對過時的長途電話接線生服務，而採取的創新之舉。800電話服務系統問世後，它成為很多行業進行商業貿易和顧客服務的主要溝通管道。

顧客服務出現於1960、70年代的消費者運動。隨著1970、80年代的社會學家對消費者的廣泛關注，顧客服務開始逐漸發展起來。

二、消費者心理學

1976年，一家市調公司進行了一次「企業優先事項研究」，該研究調查了消費者最想要得到的東西。這項研究的結論說：「消費者更為關注尊嚴和禮節。他們希望他們是被作為人來對待，而不是數據；他們希望獲得足夠的訊息以便他們作出最佳的購買選擇；他們希望聽到的是簡明而坦率的保證；他們希望商店能夠立即兌現對劣質產品所作的承諾，而不要為此爭吵不休。」

在1977年的一次消費者學術調查中發現，1/5的消費者對所購買的產品感到不滿意，但只有不到其中1/2的人作出投訴。在這些投訴的人裡，有1/3的人表示對公司處理投訴的情況仍不滿意；所以提醒商店要重視投訴，如果處理不好，終將導致消費者對他們的怨恨。然而，很多人都沒有選擇投訴，只是把劣質產品扔掉，然後不再購買該公司的產品。其中一位教授說：「投訴對於消費者來說也是一筆不小的花費，卻常常沒什麼效果，還經常會讓自己生氣。」

三、網際網路

1990年代隨著名片和語音郵件的普及，長途電話接線生開始退出時代的舞台，傳真機則相當盛行，手機也已誕生，客服部門從商場的人工客服漸漸向電話系統轉移。1990年代末期，要求由消費者來完成很多本屬於客服人員的工作，透過越來越精細客服軟體幫助顧客從人工客服轉向其他服務管道，特別是越來越先進的自動語音應答系統，但電話仍然是客服的主角。

2010年的顧客憤怒調查顯示，62%的顧客比較喜歡用電話來跟公司進行交流。雖然，免費服務電話讓人們撥打電話而由企業付費，不過，企業也經常讓顧客在電話一端等候，因為負責接聽電話的員工，他們不必為通話時間買單，但這卻是企業的一筆昂貴支出。不管我們有多氣憤，客服行業所具有的複雜性不會消失，電話大概也不可能消失，即使它在這個行業的主導地位也許某天會被新興的科技產品所替代。

客服故事：
我們正目睹著變化

　　當羅嵐先生和曼笛小姐早上走進他們辦公室附近的咖啡店準備來杯咖啡時，羅嵐對曼笛說：「這裡的每個人都好像被電子的東西鉤住了。他們不是打手機，就是在上網做些什麼事情。這就像一個遠離辦公室的辦公室。10年前你能想像看到這一場景嗎？」

　　羅嵐是曼笛的上司和好朋友，年屆六旬。曼笛要比她的上司年輕30歲，不過就連她也對自己職業生涯中所經歷的技術變化吃驚不已。「我討厭被人認為是個怪老頭，但我還是想回憶一下20年前的情形。我記得那時候還沒有自動櫃員機，也沒有手機。不過更令人難以置信的是，那時候大多數電視機連個遙控器也沒有！沒有光碟，沒有錄影機，也沒有影碟出租店。只有餐館裡有微波爐。買台傳真機要花幾千美元，傳一頁紙得花上5分鐘，而且只有大企業裡才有。那時沒有人擁有個人電腦。」說著，羅嵐搖了搖頭。他們在說話的空檔點了咖啡。

　　然後羅嵐說道：「上週我去克里夫蘭時感受了一次有趣的經歷。我通過一台電子自助服務終端登記入住酒店。那裡連個接待員也沒有。我有些懷念有接待人員友好問候的那種感覺，不過這

的確加快了手續的辦理。第二天我與酒店經理聊天，他問我對自助服務終端登記入住的感覺如何。我對他說我欣賞辦理的速度，但是有點懷念人性化服務。然後他向我說明自助系統是如何應用到20家航空公司上的，他還告訴我可以在網上自助訂票、更換座位，所有操作在酒店大堂就能夠完成。我真是服了。」兩人向一張桌子走去，曼笛說道：「最近我在讀那些營銷專家像唐‧佩珀斯(Don Peppers) 和馬莎‧羅傑斯(Martha Rogers)寫的東西。讓我想想看能否記得他們的主要觀點。哦，對了，他們談到了微晶片(microchip)令人咋舌的計算能力以及它們如何影響顧客關係——主要在個別水準上。如今，企業已經能夠分辨個別顧客並記住他們——以及他們所想要的。通過大規模定制工藝，越來越多的企業實現了生產和派送顧客化的產品或服務給個別顧客。這對顧客來說可是天大的好事。有那麼點終極顧客服務的味道。」

「那肯定會與我們工作中一直強調的思想聯繫在一起，那就是發展與個別顧客的關係、區別對待顧客、將每一位顧客作為商務關係中一個獨立的、可辨識的參與者加以對待。」羅嵐說。「我們一直在談企業如何『尊重顧客』以及顧客如何是我們的『首要資產』。對我來說，像這樣的與顧客互動的方式真的很重要。我想人們都對此充滿了期待。」曼笛說。「如果我們真是把個別顧客作為業務核心來強調的話」，羅嵐一邊喝著咖啡一邊說，「我們最好學會對每位顧客的回饋做出恰當的回應。人們都在根據他們的個別需要設想著產品和服務的顧客化水準，如果我們不給他們那些，就無異於有了錄影機和電視機而沒有遙控器！」

「阿門，羅嵐，我們最好變得更有創見，而且得馬上才

行。」曼笛答道。預測未來永遠是一件棘手的事，事實上是件根本不可能的事。話雖這麼說，在那些放眼於顧客服務之未來的人當中似乎還是能找出一些共性。顧客服務的未來很有可能聚焦在3大關鍵問題上：突出個性化、進一步應用技術以及強化對消費者人口統計變化的意識。顧客將不再作為人口統計中的一個被類別對待。他們不會容忍「一體適用」(one-size-fits-all)的服務思想。他們會要求個性化的產品、服務和溝通。成功的企業會適應這些新的需要。他們會通過在「適用性」(goodness-of-fit)方面超越顧客期待來發展成長。他們會掌握與每一位有著特殊需要和欲求的個別顧客進行溝通的藝術。

技術是推動這種顧客化的大部分概念變為現實的力量。但它並不是未來幾十年推動變革的唯一力量。消費者人口統計的變化以及全球市場的形成也會對未來產生影響。年輕人正成為消費的主力，而美國的嬰兒潮一代逐漸進入退休年齡，這也構成了一個巨大的買方市場。全球經濟將會要求許多企業更多地關注文化的廣泛性。由於顧客和員工作為群體的實質正發生著變化，個性化需要仍將是複雜的。這些消費者人口統計的變化能夠並且將會要求成功的企業進行創新，並提高對顧客需求的響應度。

 討論

請問：顧客服務有多大可能會受所有這些因素的影響呢？這就是我們所要討論的中心問題。

資料來源：Paul R Timm (2013) *Customer Service: Career Success Through Customer Loyalty*

04
心理取向的顧客服務

心理取向的客服是隨著1970年代中期的消費者心理學的興起開始被重視。這項討論包括以下六個議題：一、企業形象；二、與顧客互動；三、與顧客聯絡；四、樂趣氣氛；五、提供獎勵；以及六、售後服務。在這個部分的最後，提供個案討論：大城市的待客之道。

一、企業形象

一家企業整體形象的優劣是由許許多多個別員工，並經過長期所建立的，然而這種形象是建立在顧客的感覺與感受的基礎上。換言之，是由群體行動（營業部門）和個人（客服人員）行動的合成結果，傳達了許多關於企業服務的訊息。如果大部分顧客滿意某個企業的服務，那麼這家企業就是向著建立顧客忠誠的方向邁進了。

當顧客來到企業時，他們會看到什麼？是精密設備有吸引力並且維護得很好？是商品陳列很吸引人？是員工的穿著裝扮很整潔？是員工服務的親切態度？還是辦公區看起來像是一個有組織、高效率的地方？一個雜亂不堪的辦公室會給人一種無組織、

專業化不高的感覺。你可以觀察顧客都在看什麼。如果感覺所見有礙觀瞻，請用一些心思、經費使之看起來更順眼。例如：你可以檢查一下視覺障礙物品，通常人們會在辦公區擺上辦公桌、文件櫃，而將辦公人員與顧客分隔開來，儘管有時這樣做是必要的，但是它會在顧客與服務者之間構建一道障礙：包括物理上的和心理上的。為樹立更好的服務形象，企業需要做到以下幾點。

首先，邀請顧客坐在員工的辦公桌旁邊而不是坐在對面。第二，提供一個起居室般舒適的氣氛作為會見顧客的區域。第三，把銷售部門的辦公桌都搬走，換上小圓桌，讓顧客和銷售員圍桌而坐；圓的桌子，讓顧客不會感覺他們好像處在對立面，要與對方「論戰」一樣。最後，要注意顧客的舒適度，如果顧客被安排在一個舒適的環境，會讓顧客放鬆心情，使談生意的過程更為順利，或是可以消除顧客在等待期間所產生的焦慮情緒。所以，請站在顧客的角度，看看你們的辦公區是否令人滿意。

二、與顧客互動

要使顧客體驗企業服務（即企業形象），其實是件輕而易舉的事情。例如：可以讓顧客快速點餐、親手試試一台新電腦、或試駕新車等等。還有一些也許不那麼明顯的方式促使顧客與企業互動。例如，當顧客到達的時候，準備一輛購物車或遞上一個購物籃；在他們等候時，給小朋友一粒糖或給成人一杯茶水，主動協助帶領小朋友或提醒長者小心走路，邀請他們體驗產品，在等待結帳時，提供產品宣傳單及有關資料，在顧客結帳後，幫助購買大批貨物的顧客到達停車場等等。

如果企業服務能夠適切的與顧客互動，顧客形成對企業形象積極印象的可能性就會大大增加。企業主管在關心客服人員的工作效率的同時，也能夠顧及顧客的滿意感受，則客服的工作就更完美了。

三、與顧客聯絡

　　經常與顧客聯絡的主要目的是：別讓顧客忘記了你！與顧客聯絡感情有三種管道：透過email，郵寄宣傳品，電話聯絡。以目前來說，與顧客連繫的方式以透過email及郵寄宣傳品比較常用，電話則是針對特殊產品的顧客，例如汽車、名牌服飾、珠寶、股票、保險，或房屋等銷售。使用電話聯絡客戶的客服人員，絕對需要具備客服心理的基礎概念和技巧。

　　某個印刷店每個月給每個顧客郵寄一份包裹，裡面包括贈品券或折價券 (coupon)、宣傳資料以及包含報價單在內的樣品。如果要多幾份報價單，免費索取即可。印刷店的這種做法一方面具有促銷作用，另一方面也是在提醒顧客他們的工作品質。不要讓顧客忘了你，讓顧客記住企業的另外一個辦法是，寄給他們有關即將上市的貨品、政策變更、新的促銷計劃以及其他資料。同樣地，優惠券或者是專為尊貴顧客開放的特別服務時間券，也是顧客喜歡收到的東西。當然，只要有顧客的電子郵箱地址，許多資料的提供都可以經由網路實行。

　　關於這個簡單的想法我們用可以兩個很好的例子來說明。有位顧客在一個鞋店買了兩雙鞋，一週後他收到了鞋店老闆親筆寫的一封感謝信，用質樸的語言向顧客購買商品表示感謝，並用一

兩句話表達歡迎再次光臨的邀請。還有，一座小鎮的機場租車櫃台也讓員工在閒暇時候給顧客寫感謝函，寫在印有公司名稱的信箋上，而且還特別地提到了顧客所租用的車種、車型。他們感謝顧客租車，並且邀請顧客下次光臨小鎮時，再來他們公司租車，這樣做的成本幾乎為零，因為當有航班到達時，櫃台會很忙碌，而其他時間則比較清閒。為什麼要讓員工在清閒的時間裡無所事事、浪費時間呢？所以，他們充分利用時間寫這些感謝函，並透過這個小小的舉動建立顧客忠誠度。

四、樂趣氣氛

營造充滿樂趣的工作氣氛。顧客通常都喜歡在一個充滿了樂趣的場所消費，同時，客服人員也樂意在充滿樂趣的企業內工作。成功的企業擁有一些定期的儀式，比如說週五下午的下午茶、生日聚會，或者更有創意的慶祝活動。優秀的組織是快樂的工作場所，每個企業都可以創造自己的活動方式。一家電話公司經常舉辦銷售競賽活動，活動之餘還安排了表演和抽獎，當每一次某個特定產品售出時，銷售人員就可以戳破一個氣球，在裡面有一張寫著獎品的紙條。員工非常喜歡這種激勵方式並且積極參與這項活動；員工得到認可的事實對他們有著極大的激勵作用。

在工作場所營造樂趣的其他點子還有：評選每週／每月之星（優秀員工或企業精英），獎勵午餐，家庭野餐，員工定期或不定期的旅遊等等。不要認為這些事情是例行的福利措施。每個層級的員工都喜歡熱鬧和慶祝活動，這種快樂的氣氛會凝聚員工的向心力，也會贏得顧客的好感。

五、提供獎勵

提供員工「正確行動」的獎勵。在許多情形下，企業希望某件事情會發生，但是事與願違，原因在於企業獎勵了一個反面的行動，而非正確的行動。舉個例子，企業對從未收到過投訴的個人和部門予以獎勵，企業這樣做的想法是：沒有收到投訴意味著企業的工作與服務做得很好。但是事實上，你無法確定沒有聽到投訴是不是因為投訴被隱瞞或壓制？這裡有幾個關於錯誤行動獲得獎勵，而正確行動反而被忽視的例子。

案例一：獎勵員工處理交易迅速，而顧客卻在為了服務草草了事而生氣。例如：鼓勵員工趕緊讓客人吃完飯就離開的餐館，會讓那些喜歡慢慢進餐的客人不高興；購買了電子產品的顧客，因為店家快速銷售的行為，而離開店裡時自己還沒搞懂所買的產品如何使用。

案例二：鼓勵銷售人員「相互合作來滿足顧客需要」，然而支付給他們的卻是一樣的佣金。例如，銷售員實際上需要相互配合來發掘一位新顧客，然後再由另外一個人說服這位顧客購買產品，這其中需要很多合作。

案例三：鼓勵員工給顧客寄感謝信，但是從來不允許上班時間來做這件事。這給人一種印象：這個事情並不那麼重要。

案例四：減發接受退貨的員工工資，來減少商品退貨數量。其結果是：顧客遭遇員工不願意接受不滿意商品退貨。

案例五：按小時而非完成的工作量計酬。小時工資制對管理人員倒是簡單輕鬆了，但是他們實際上是在浪費工資，讓員工把

時間耗完！

請記住：企業組織的獎勵制度要向那些提供卓越服務的員工實施獎勵，任何獎勵都應與員工對顧客服務，並且與企業組織的使命和服務主旨相一致的貢獻直接整合。

六、售後服務

客服人員在銷售後，從消費者獲得對公司產品的回饋訊息。顧客討厭那種買賣前笑臉相迎，買賣後不理不睬的態度和做法。與顧客的關係不是買賣之後就結束了，如果這樣的話，顧客就沒有重複消費或保持忠誠的動力，所以銷售之後要掌握機會與顧客聯絡，只有建立一種持久的友誼，他們才會成為忠實的客戶。

售後聯絡顧客的一些方法有以下項目；郵寄感謝函，電話連絡以確保產品與服務滿足他們的需要，寄送新產品資料、顧客感興趣的剪報或有價值的資料，讓他們感覺買得放心與值得，寄發生日或節日賀卡，邀請顧客參加專題小組座談，以及打電話感謝顧客向別人的推薦。

客服人員個人行動和企業行動透過細心與貼切的服務，將情感和好印象傳達給顧客。員工通常對個人行動和企業行動給顧客帶來的影響缺乏認識，但他們不知道他們是在冒著得罪顧客，或至少未能給顧客留下好印象的巨大風險。開拓視野，多方了解其他人如何解讀我們的語言和非語言訊息，這是改進顧客服務有益的一步。正如個人將其個性呈現給顧客一樣，企業的行動也能向顧客傳達自己的文化。企業的集體行動模式構成了其文化，而這

種文化在顧客眼裡，可以被解讀為積極或消極的行為。管理人員與下屬和同事交互的行為方式，將對所有員工在顧客面前的表現產生巨大的影響。

個案討論：
大城市的待客之道

　　當人們一想到「賓至如歸」的待客之道時，頭腦裡通常不會想起大城市的酒店。但在紐約度過的週末，還是讓來自美國中西部的丹尼斯和西爾維亞對紐約這個大城市的人的友善驚喜不已。他倆在一個週五的下午抵達紐約，當時正下著雨。坐計程車從機場到酒店大約需要兩個小時，不過，司機知道穿過皇后區的捷徑。一路上，司機一邊開著車，一邊對他們講解周圍的景物，並解釋為什麼不走交通擁塞的高速公路。司機還向他們保證說，走這條捷徑也是單一費率計費，因為他和他們的心情一樣，也想盡快趕到酒店。

　　雖然計程車司機很友好，當他們到達市中心的酒店並辦理入住手續時，也略感疲憊了。不過，冗長旅途的困頓，馬上由於接待員熱情地向他們打招呼和友善的玩笑而化為烏有了。辦理過程中，接待員還提供了幾個房間供他們選擇，入住手續很快就順利地辦完了。一位個子高大的行李員面帶微笑地對他們說歡迎來到「大蘋果」──紐約市，並引領他們把行李拿到房間放好，整個過程中這位行李員都一直愉快地和他們聊天，告訴他們酒店的特色以及附近的餐館。一個小時後，丹尼斯和西爾維亞決定出去吃

晚飯，來到酒店大廳時，他們才意識到忘了帶傘，因為外面還下著大雨。接待員恰好聽到了他們的談話，並熱情地把自己的傘借給了他們。他提出的唯一要求是在他午夜下班前送還，並開玩笑道：「要不然我得收租金了。」

 討論

1. 這個案例如何說明了小事情和個性的重要性？
2. 即使當問題不是因你而引起時，打消顧客的不愉快有多重要？
3. 說說你曾經遇到過的、意想不到的快樂，而令你驚喜的類似體驗。並且說明那是什麼樣的感覺？

思考問題

1. 顧客服務工作，必須具備哪六項與心理學有關的技能？
2. 滿足顧客價值觀需求，具有兩種不同的意義，請舉例說明。
3. 為何接線員Hello Girls會消失？
4. 電話服務與網際網路服務有何不同之處？
5. 如何提升企業整體形象？
6. 為什麼與顧客保持聯絡可以建立顧客忠誠度？
7. 錯誤行動獲得獎勵的原因是什麼？請舉例說明。
8. 什麼樣的售後服務是最好的服務？

Chapter 2

客服工作的基本素質

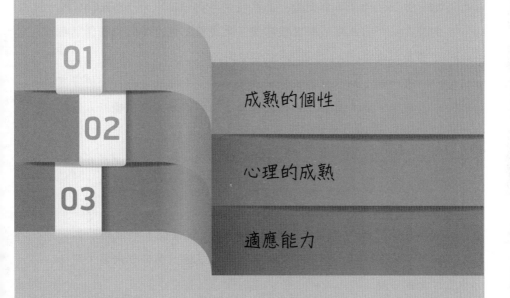

01　成熟的個性

02　心理的成熟

03　適應能力

客服故事：
心的存在

　　釋迦牟尼曾說過一個故事：有個富商娶了四個老婆。第一個老婆伶俐可愛，整天陪伴，寸步不離；第二個老婆是搶來的，是個大美人；第三個老婆善於生活瑣事的打理，讓他過著安定的生活；第四個老婆工作勤奮，並且到處奔走，使丈夫根本忘記了她的存在。平日，商人一直很疼愛、重視前三個老婆，卻獨獨忽略了第四個老婆。

　　有一次，商人要出遠門做生意，為了免除長途旅行時的寂寞以及風險，商人把自己的想法告訴了四個老婆，希望能有人願意陪同他一起前往。第一個老婆說：「你自己去吧！我才不陪你哩！」第二個老婆說：「我是被你搶來的，本來就不願意當你的老婆，我才不去呢！」第三個老婆說：「儘管我是你的老婆，但是我不願受舟車勞頓之苦，我最多送你到城外！」最後，第四個老婆說：「既然我是你的老婆，無論你到哪裡，我都跟著你一起」。於是，商人只有帶著常常被自己忽視的第四個老婆，開始了他的旅程。

　　最後，釋迦牟尼說：各位，這個商人是誰呢？就是你們自己。第一個老婆是指肉體，死後還是要與自己分開的；第二個老

婆是指財產，它生不帶來、死不帶去；第三個老婆是指自己的妻子，活著時，兩人相依為命，死後還是要分道揚鑣；第四個老婆是指心，人們時常忘記它的存在，但它卻會永遠陪伴著自己。

的確，客服工作者每天必須面對形形色色顧客的消費需要，不僅僅是「商品」，而是許許多多驅動他們來消費的心理因素。現代人面對來自生活、工作與人際關係等等諸多方面的壓力，只能疲於奔命，因此常常忽略自己的內心感受和精神需要，並且受到無情的壓抑。每個人的內心需要都與別人不同，我們總不忘把食物送進嘴裡，卻從不記得為自己的心田灌溉養分。在物質文明高度發達之後，精神生活的貧瘠的確是現代人的悲哀。希望這個開場白故事，能夠鼓勵讀者用心學習。

　　本章針對「客服工作的基本素質」主題，討論三個議題：成熟的個性，心理的成熟以及適應能力。這三個項目是客服工作者必備的基本心理素質。在本章探討的過程中，同時提供了：心理測驗：心理年齡，個案討論：競爭挑戰，以便增加學習的趣味性與效果。

01

成熟的個性

　　在心理學中，個人有時和個性同義。在英語中，它都來源於拉丁語persona。persona最初指的是演員所戴的面具，而後指演員本人，一個具有特殊性質的人。個性不僅指一個人的外在表現，而且指一個人真實的自我。現代心理學通常把個性理解為一個人的整個心理面貌，即具有一定傾向性的各種心理特徵的總和。人的個性不僅受生物因素制約，而且還會受社會因素制約。個性的成熟和身體一樣是隨著年齡的增加而增強，一般要持續到青年期。

　　美國心理學家奧爾波特(G.Allpont)認為，成熟的人具有以下七項個性特徵，這些個性特正是客服工作者的基本心理素質要求：

一、一致的人生觀

　　成熟的人已擺脫了過去的壓抑，他們是向前看的，是被長遠的目標和計劃推動著的。這些人有目的感，有完成工作的使命感，這是他們生活的柱石，並對他們的個性提供連續性。我們需要有意義的重大目標，沒有它們就很可能會體驗到個性的困惑。

沒有指向未來的志趣和方向，就不可能有健康的個性。成熟的人，具有明確、系統的價值觀。良知有助於人生觀的協調一致，不成熟的人的良知像兒童一樣，是馴服和盲從的，充滿了限制和制約。

無論是兒童或成人，都可能有這種良知，客服工作者，更必須具備這項心理特質。它的特點是「必須」（主動），而不是「應該」（被要求）。換言之，不成熟的人說的是「我必須這樣做」，而成熟的人說的是「我應該這樣做」。成熟的人的良知，是由對自己和對他人的義務感和責任心組成，並且可能深深扎根於宗教和倫理的觀念中。

二、自我感的擴展

奧爾波特認為，隨著自我的發展，自我感擴大到人和物的廣泛領域上。最初，自我只是集中在個人身上，隨著經驗範圍的擴大，自我擴展到自身範圍之外。成熟的人積極介入和投身於超越自我的群體，而不是自私自利。他們完全投入，並且活力十足地沉浸於生活之中，而不是遠離或逃避生活的消極旁觀者。一個人越是專注於各種活動，專注於人或思想，他的心理也就越健康。這個項目對客服工作者更為重要，讓「自愛」擴大到「愛顧客」、「愛護公司」。

三、博愛寬容的情感

成熟的人對於家人和朋友，具有顯示親密的能力。親密能力的顯示是由充分發展的自我擴展感所引起的。人在其所愛的人那

裡，表現出真正的參與，並關心他或她的幸福，這種幸福變得像自己的幸福那樣重要。親密能力的另一必需品，是充分發展的自我認同感。健康的人的愛是無條件的、不束縛人的、不使人喪失活動自由的。成熟的客服工作者具有同情的能力，包括對人的基本狀況的同情，以及與一切人的親屬感。健康的人有領會痛苦、熱情、恐懼和失敗的能力。因此，成熟的人容忍他人的行為，並且不予評判和譴責。他們能夠認可別人，特別是顧客的態度缺點，因為他們知道自己具有同樣的弱點。

四、具有安全感

成熟的人能夠自我接納，能夠承認弱點和缺點的內在特質的各個方面。他們從不被動屈從，能接納人性的各個方面，因而，在他們自己內部以及社會中很少發生衝突。他們努力盡可能去做，並且在這個過程中，努力改善自己。成熟的人也能夠承認人的情緒。他們既不是情緒的俘虜，也不試圖掩蓋情緒。健康的個性控制他們的情緒達到這種程度，使這些情緒不致破壞人與人之間的活動。這種控制不是壓抑，而是把情緒轉變到更有建設性的方向上去。由於成熟的人感受到安全感的重大意義，因此他們能忍受挫折和自我接納，有效地控制情緒。他們也學會用均衡感去處理人生的憂慮和自我恐嚇，而且發現這樣的壓力並不總是引向不幸的後果。健康的人並非擺脫不了憂慮，但他們更少感受到憂慮的威脅。因此，唯有具安全感心理特質的客服工作者，才能夠提供高水準的服務。

五、面對現實

　　成熟的人客觀地看待他們的世界。相反，精神病患者則必然經常歪曲現實，以便使現實適合他們自己的要求、需要和憂慮。成熟的人不一定要配合先人之見或前人的經驗，換言之，成熟的客服工作者他們會按現實的本來面貌來認識現實問題，處理好目前的困境。

六、熱心於工作

　　工作和責任心為人生提供持續的意義和道理。成熟的人全神貫注地投入工作，並且掌握了工作的技能。一個掌握了技能的人可能心理並不健康，然而健康成熟的人對於他們的工作總是得心應手。健康的人具備承擔義務的精神，使他們有能力掩蓋一切與自我有關的防禦和動力（如自尊心），這樣使他們完全融入於工作之中。

七、自知之明

　　所謂自知之明，心理學名詞是自我客觀化。奧爾波特認為，成熟的人具有高水準的自我認識和自我理解。一個人對於自我的充分認識，是洞察自認為是什麼樣子，和實際上是什麼樣子之間的關係。二者愈是接近和符合，則個體的成熟性越高。另一個重要的關係是，一個人自認為是什麼樣子和別人認為他是什麼樣子之間的關係；成熟的人在制定自我的客觀願景時，對於其他人的意見是樂於接受的。擁有高水準的自我客觀化或自我洞察力的

人，不大可能把個人的消極情緒投射到其他人身上。他們傾向於準確評價其他人，並且通常比較能被他人接受。有更高的自知之明的成熟客服工作者，比缺乏自知之明的人更為明智，工作更有績效和效率。

Chapter 2
客服工作的基本素質

02
心理的成熟

　　繼續前面討論成熟的個性是客服工作者首要心理素質，心理的成熟是第二項重要議題。這個議題包括以下四個項目：一、社會認知水準；二、應付突變能力；三、適度耐壓能力；以及四、心理平衡能力。

　　心理成熟度高的人，面對社會和環境的變化較易適應。換句話說，成熟的客服工作者比較容易根據外界的變化調節自己的行為。他們的自控能力、承受能力都比較好，就是比較「老練」。而心理成熟度差的人，不太容易適應不斷變化的環境，也不太容易形成良好的自我控制，這樣，在人際關係和心理健康容易出現問題。

　　實際上，心理成熟度與所謂「心理年齡」存在一定的相關（本章附有測驗）。從一般意義上來看，隨著年齡的增長，人的心理成熟度也應該不斷增長，但這種增長與人的身高、體重的增長是有所不同的，它不是由自然規律單方面控制的增長，而是在自然規律與社會環境的雙重作用下形成的增長。因此，如何利用社會環境，使自己的心理達到與年齡相匹配的成熟，就成為一個迫切需要解決的問題。我們認為，這方面能力的培養與應付環境

變化的能力密不可分，不妨從以下幾方面著手。

一、社會認知水準

一個人對社會的認識與他的心理成熟度有著較高的正相關。認識是受環境影響的，要克服環境影響帶來的偏差，不僅要從實踐上獲得感性的認識，還要提高理性的認識水準。剛畢業的大學生對社會認識的水準相對較低，因此，在新工作中會遇到很多問題，例如：與同事、主管如何相處？如何克服不熟悉的工作帶來的緊張感？這些問題對一個成熟的客服工作者來說，不會感受到太大的挫折，但是在心理成熟度較低的人看來，挫折感會比較大。

二、應付突變能力

突然變化的事件對人的影響在心理學中叫做壓力，個體面對壓力通常有兩種反應行為，即理性應對與情感應對。前者以對事物發展的規律性認識為基礎，掌握事物的規律，個體不僅能洞察事物的本質，也能預測未來，並根據未來事物可能的發展而採取必要的行動。後者則帶有一定的盲目性。調查顯示，心理成熟度高的人在壓力條件下，多採用理性應對。因此，提高我們在突變環境下的應付能力，有助於增強客服工作者心理成熟度。

三、適度耐壓能力

古人說：「天將降大任於斯人也，必先苦其心志，勞其筋骨，餓其體膚。」這樣，才能「增益其所不能」。社會的發展往

往超越人們的心理承受能力，並形成一定的社會壓力。成熟的客服工作者應該提高心理成熟度，以面對形形色色的顧客群與工作環境，鍛鍊自己的耐壓能力是一個很重要的功課。

四、心理平衡能力

了解自己的優劣勢的客服工作者，肯定可以減輕或抒解緊張情緒。因為明確承認自己能力有限，就可能使你擺脫某種潛在的不良情緒。這樣你就會懂得何時該去求助於他人及怎樣和他人合作共事。另外，在面對危機時，應該想想怎樣因勢利導，特別是針對會抱怨的顧客，藉此將壞事變成好事，使其變成忠程度高的顧客。如果你能夠從挫折中吸取經驗教訓，那麼今後就能減少挫折。

心理測驗：
心理年齡

　　正如人的智力年齡與實際年齡不一定相等一樣，人的「心理年齡」與實際年齡也可能不相等。在古老的智力理論中，「智齡」與實際年齡的比值，叫做智商，「情緒智商」的概念顧名思義，也是由此而來。

　　下面一組測試題，就是用來測試您的心理年齡的，請你對下列各問題作出「肯定」、「不定」或者「否定」的回答，這樣，就可以知道你的「心理年齡」了。測驗：

【　】1.做事一旦下了決心便立即行動。

【　】2.往往憑經驗做事。

【　】3.對任何事都有強烈的探索精神。

【　】4.講話變得緩慢而多停頓。

【　】5.又看不慣年輕人的無可厚非的舉止。

【　】6.變得什麼事都不想做。

【　】7.變得吝嗇了。

【　】8.有好多理想和夢。

【　】9.變得神經質了。

【 】10.對什麼都有好奇心。

【 】11.見別人難受，自己不由得也難受。

【 】12.難以控制感情，易流淚。

【 】13.不能勝任日常工作了。

【 】14.性情變得固執起來了。

【 】15.變得懶惰，不想活動。

【 】16.好幻想。

【 】17.時常出現悲觀或嫉妒情緒。

【 】18.沒有興趣看健康的小說或電影。

【 】19.做事缺乏持久的毅力。

【 】20.早晨起床時間比以前提早了。

【 】21.動作不如從前靈活了。

【 】22.一旦疲勞，消除得很慢。

【 】23.考慮地位和名譽多了。

【 】24.見不講理的事變得不氣憤了。

【 】25.讀報常常注意訃文。

【 】26.留戀舊習慣。

【 】27.常常喜歡各種活動。

【 】28.到了傍晚，頭腦不如上午清醒。

【 】29.夜間睡眠好。

【 】30.變得缺乏自信心。

【 】31.對生活中的挫折感到煩惱。

【 】32.喜歡回憶或訴說過去的事情。

【 】33.變得對種花草有興趣了。

【 】34.做事顯得急躁了。

【 】35.十分注意自己的身體變化和感受。

【 】36.生活的興趣範圍變小了。

評分

請將下列分數相加，統計得分。

題目	1	2	3	4	5	6	7	8	9
肯定	0	2	0	4	2	2	2	0	2
不定	1	1	1	2	1	1	1	2	1
否定	2	0	2	0	0	0	0	4	0

題目	10	11	12	13	14	15	16	17	18
肯定	0	2	4	2	4	2	0	2	2
不定	1	1	2	1	2	1	1	1	1
否定	2	0	0	0	0	0	2	0	0

題目	19	20	21	22	23	24	25	26	27
肯定	4	4	2	2	2	2	4	2	0
不定	2	2	1	1	1	1	2	1	1
否定	0	0	0	0	0	0	0	0	2

題目	28	29	30	31	32	33	34	35	36
肯定	4	0	2	2	4	2	2	2	4
不定	2	1	1	1	2	1	1	1	2
否定	0	2	0	0	0	0	0	0	0

請將評定得分（心理年齡）與實際年齡比較：

獲得分數	86 ～ 96	76 ～ 85	66 ～ 75	56 ～ 65	46 ～ 55	36 ～ 45	26 ～ 35	16 ～ 25	6 ～ 15	0 ～ 5
心理年齡	60+	55 ～ 59	50 ～ 54	45 ～ 49	40 ～ 44	35 ～ 39	30 ～ 34	25 ～ 29	20 ～ 24	15 ～ 19

03
適應能力

　　適應能力是客服工作的第三項心理素質的要求。內容包括以下四個項目：一、何謂適應；二、適應的水準；三、適應的作用；以及四、職業適應。

一、何謂適應

　　適應(adaptation)源於生物學的一個名詞，用來表示能增加有機體生存機會的身體與行為的改變。心理學中用來表示對環境變化做出的反應，如對光的變化的適應和人的社會行為的變化等。心理學家皮亞傑(Jean Piaget)認為，智慧的本質從生物學來說是一種適應、它既可以是一種過程，也可以是一種狀態，有機體是在不斷運動變化中與環境取得平衡的。它可以概括為兩種相輔相成的作用：同化和順應。適應狀態則是這兩種作用之間取得相對平衡的結果。這種平衡不是絕對靜止的，某一個水準的平衡會成為另一個水準的平衡運動的開始。如果機體與環境失去平衡，就需要改變行為以取得平衡。這種平衡－不平衡－平衡的動態變化過程就是適應。

二、適應的水準

適應水準是指個體受刺激作用所產生的心理效應，一方面取決於刺激物體的特性，另一方面還取決於個體的適應水準。引起個體某種反應或使個體產生中性反應的刺激值稱為適應水準。適應水準以下的刺激值不能激發反應或只能激發負反應。刺激引起的心理效應強度可以用它與適應水準間的差距來度量，這個差距越大，刺激引起的心理效應也越大。適應水準由當前成為直接對象的刺激(S)，背景刺激(B)，過去經驗殘存效果，以及個體的內部狀態(R)等因素決定。

適應是為了克服，這是從藝術創作與藝術欣賞的辯證關係中，所引申出來的一項文藝心理學原理，也可以用在社會問題與職業問題上，一般說來，藝術創作應該要適應大眾的欣賞趣味和欣賞能力，否則便不能為大眾接受，且不能發揮應有的社會作用；但是，適應本身還不是目的，藝術創作的真正目的在於激發大眾的情感意志，從而引導大眾的欣賞趣味，並使他們的欣賞能力得以完善和提高。藝術家不能一味迎合部分人的低級庸俗，甚至不健康的欣賞趣味，而應當代表社會中先進的審美品味。從這個意義上說，適應只是達到「克服」觀眾欣賞的手段。克服並不是耳提面命式的訓誡和教喻，而是憑藉高度的藝術技巧，傳達藝術家高尚的審美情感，以此去感染和影響大眾的心靈。從文藝心理學的觀點看，適應也好，克服也好，最終都是為了實現藝術家與大眾之間在審美觀念上的對話與交流。從這個觀點看，客服工作者，也可以比照藝術工作者展現吸引顧客的能力，及說服顧客

的技巧。

三、適應的作用

　　人的心理適應能力是指個人在與周圍環境相互作用、與周圍人們相互交往的過程中，以一定的行為動作積極地反作用於周圍環境而獲得平衡的心理能力。心理適應能力強的人，在遇到各種複雜的情況時，也能很好地發揮自己的原有能力。相反地，心理適應能力比較差的人，一遇到特殊情況或環境發生改變時，容易緊張和手足無措，甚至失眠厭食，無法適應新的情況。心理適應力的強弱，關係到客服人員能否工作得愉快與得心應手。

　　對客服工作者來說，主要是與人際環境有關的適應能力的要求。對新進客服人員而言，不僅要經歷畢業後求職的競爭，也要面對新工作的轉折。自己離開了原來熟悉的校園，來到一個陌生的環境，面對陌生的主管、同事。特別是從鄉村到都市工作，面對各方面生活條件都比自己優越的同事，還有與主管的互動，是否會產生心理壓力，從而影響自己的工作呢？因此，客服人員在環境改變前，要有良好的心理準備，主管要同時教導新客服人員如何去迎接這方面的新問題，使他們能夠有所準備，在生活方式與思維方式上適時地做出相應的調整。這樣，才能使他們面對新的環境，努力探索和改變原來不適宜的工作方法，以適應新的工作要求。總之，客服人員要做到「了解環境、接受環境、順應環境」。

四、職業適應

心理學家經過研究發現，有三大因素有助於從業人員的敬業精神：

1. 客觀的工作環境（包括社會環境和物質環境）

如領導者的才能、同事間的合作、對工作成績賞罰標準的公平合理等社會環境，及工作場所的舒適、必要的設備工具、個人生活條件的方便等。若個人滿意自己的工作環境，則能產生對工作的安全感，提高工作效率。

2. 主觀的自我實現

工作有深度，對個人能力是一種挑戰，個人全力以赴，可以施展才智、發揮抱負、達到自我實現而獲得成就感。

3. 職業的未來展望

由工作中獲得的經驗，成就隨工作表現而提高，責任隨成就而加重，所得物質報酬及社會地位也隨個人成就而提升，如此可使工作覺得有希望、有前途，更加兢兢業業地工作。年輕人要適應嶄新的工作環境，在工作場所感受到的壓力和挫折，有些源於自身的性格弱點，有些是客觀工作環境的壓力，常常出現身體生理狀態的失調，易產生焦慮、抑鬱和早期衰老等疾病。

個案討論：
競爭挑戰

主題：高碳水化合物上的競爭

　　1980至1990年代初，加里・埃里克森(Gary Erickson)在美國加利福尼亞州的伯克利過著無憂無慮的生活。他是做零工的，賺的錢都花在環遊世界。在空閒的時間裡，埃里克森喜歡騎自行車、攀岩，他會騎自行車，或開著那輛375美元買來的1978年款達特桑(Datsun)到處跑來跑去，一路上始終與他做伴的是哥哥嫂嫂的狗——布墨爾。總之，埃里克森對這種無憂無慮的生活非常滿意。

　　33歲時，埃里克森與一位朋友展開了一個環遊海灣地區、全長共175公里的自行車之旅。像大多數戶外運動的人一樣，埃里克森吃「能量棒」(PowerBar)是為了攝取其中的能量，而不是為了品嚐它的味道。出發前他共帶了6支能量棒，騎到125公里的地方時就只剩下1支。「我把那支能量棒從運動衫裡拿出來，看著它，心想自己可不能再把它硬塞進去了」，2004年埃里克森接受美國公共廣播電台(National Public Radio, NPR)的採訪時這樣說道，「我可不管是否正餓著肚子，不過我實在是再也吃不下一支

這樣的東西了。」埃里克森沒有吃下這最後1支能量棒,而是騎車到了一家便利店,狼吞虎嚥吃掉了6個甜甜圈。

當埃里克森到達山腳時,他已經決定要生產口味更好的能量棒。埃里克森投資了1000美元,他在母親的廚房裡,用糙米漿和烘焙過的大豆(不加雞蛋、糖或奶油)的全天然成分研製出了他的第一支能量棒。埃里克森根據父親的名字克利福德(Clifford)給這個產品起名叫克利福棒(Clif Bar),在短短兩個月內,克利福棒已在該地區的700家自行車商店和200家天然食品店上架。在公司成立的第一年,產品銷售額即達到70萬美元。第二年,銷售額多了一倍。8年後,這家年銷售額已達到4,000萬美元的公司,吸引瑪氏糖果公司(Mars Candy)的注意。這家食品公司正在尋找一種產品與卡夫食品公司(Karft)及雀巢公司(Nestle)競爭;卡夫食品不久前收購了Balance Bar公司,而雀巢公司已經併購了PowerBar公司。瑪氏開價1.2億美元收購Clif Bar,埃里克森決定接受這個條件。不過,就在簽約前,埃里克森突然感到一陣不適,渾身顫抖、幾乎無法呼吸的他走到外面透透氣,就在這時,他突然有一個想法:他不必把公司賣掉。埃里克森回到室內,將瑪氏的簽約代表打發回去。

從投資銀行家到身邊的朋友,每個人都對他說不賣掉公司的決定簡直是瘋了。但是,埃里克森卻表示他對於採取非傳統的模式感覺更舒服。儘管Clif Bar在低碳水化合物一度盛行的時期遭受了一些衝擊,但是該公司還是在蓬勃發展的市場上堅守自己的產品和信條。1999年,低碳水化合物之風對Clif Bar公司專為女性設計生產的Luna Bar造成了巨大衝擊。零售商和競爭者對專門

為女性設計生產能量棒的想法嗤之以鼻，他們取笑埃里克森正將自己的一半市場拱手讓人。但是，低熱量、高含鈣的Luna Bar的銷量超過了原來的Clif Bar。儘管埃里克森於2003年被《財富小企業》(*Fortune Small Business*)雜誌投票選舉為「最佳老闆」，但是他仍舊按照自己的價值觀來經營企業。Clif Bar 公司的辦公大樓裡配備有攀岩高牆、健身房、私人教練、洗衣店、洗車店、美髮中心以及按摩師。員工在企業任職每滿7年便可享受為期6個月的假期，其中3個月為有薪假期，而平時加班的員工每隔一週可享受為期3天的週末休假。埃里克森還想出了幾十種回饋社區的方法。他的員工可在上班時間做社區志願者的工作，每年企業會將營業額的1%捐贈給各種慈善機構。

如今，埃里克森不再考慮出售公司或上市了。「我已經看到了那些被收購的企業的下場」，埃里克森對《今日美國報》(*USA Today*)表示，「他們失去了初創時的價值。」

 討論

1. 這個案例如何闡釋了對創建卓越價值的承諾？
2. 埃里克森對內在價值和關聯價值做出了什麼承諾？他如何將這些卓越價值法則拓展到外部客戶和內部客戶身上？
3. 你從本案例中學到了什麼經驗教訓？

 **思考問題**

1. 客服工作者的基本心理素質要求是什麼？
2. 何謂「一致的人生觀」？
3. 心理成熟度的培養與應付環境變化的能力密不可分，可從哪些方面著手？
4. 請解釋心理年齡。
5. 請問如何調整心理年齡？
6. 心理學家經過研究發現，有哪三大因素有助於從業人員的敬業精神？
7. 請說明「適應是為了克服」？

Chapter 3

客服工作者的特質

01 同理心

02 人際溝通

03 觀察力

本章針對「客服工作者的特質」主題，討論三個議題：一、同理心；二、人際溝通；三、觀察力。這三個項目是客服工作者必備的心理特質。在本章探討的過程中，同時提供了一則客服故事：我你他，與個案討論：寶寶與寶寶，以便增加學習的趣味性與效果。

客服故事：
我你他

　　一位善良又年輕的少年，請教一位得道的智者。他問：「我如何才能變成一個自己愉快、也能夠給別人愉快的人呢？」智者笑著望著他說：「孩子，在你這個年齡有這樣的願望，已經是很難得了。很多比你年長很多的人，從他們問的問題本身就可以看出，不管給他們多少解釋，都不可能讓他們明白真正重要的道理，就只好隨他們去了。」少年滿懷虔誠地聽著，臉上沒有流露出絲毫得意之色。智者接著說：「我送給你四句話」。

　　第一句話是：「把自己當成別人。你能說說這句話的含義嗎？」少年回答說：「是不是說，在我感到痛苦憂傷的時候，就把自己當成是別人，這樣痛苦就自然減輕了；當我欣喜若狂之時，把自己當成別人，那麼狂喜也會變得平和一點？」智者微微點頭。

　　接著說第二句話：「把別人當成自己」。少年沉思一會兒，說：「這樣就可以真正包容別人的不幸，理解別人的需求，並且在別人需要的時候，給予恰當的幫助？」

　　智者頻頻點頭，繼續說第三句話：「把別人當成別人」。少年說：「這句話的意思是不是說，要充分地尊重每個人的獨立

性，在任何情形下，都不可侵犯他人的核心領域？」智者哈哈大笑：「很好，很好。這一點是世俗間人們最容易遺忘的一件事！因為人們往往妄想著要去改變他人，卻在無意之間傷害到了對方⋯⋯」

第四句話是：「把自己當成自己。這句話理解起來太難了，留著你以後慢慢品味吧。」少年說：「這句話的含義，我一時體會不出。但這四句話之間就有許多自相矛盾之處，我用什麼才能把它們綜合起來呢？」智者說：「很簡單，用一生的時間和經歷。」少年沉默了很久，然後叩首告別。

這則故事對客服工作者來說，具有非常重要的啟示：智者說把自己當成別人，把別人當成自己，是在要求服務顧客時站在對方的立場思考，便更能體會顧客的感受，為人處事也就更成熟。把別人當成別人，是要求人不要強迫改變顧客的需求及意願，不可把自己的想法強加於顧客身上，給對方留下獨立思考與行動的空間。最後一句話，最難理解也最難做到：做自己，人便具有了獨立思考和判斷的能力，而這恰恰需要我們用一生的時間去體驗。

01

同理心

　　「同理心」是體會他人經驗的能力，也就是說，客服工作者有能力去感覺顧客們的需要、心境，看法和想法。同理心是在人際交往中，用類推的方法獲得的。在社會交往中，人們彼此的情感是相互作用和影響的，情緒不但可以被識別，也是可以相通的。作為一位客服工作者，需要理解顧客的情緒和表現。在展現同理心之時，我們總是把自己的感受作為提供顧客服務出發點。

一、同理心試驗

　　以下是一項同理心試驗。有一個背景，有4種可能的答案：A是他們想單獨在隔壁等候，直到實驗開始；B是他們想讓另一些也感到焦慮的人陪著等候；C是他們希望讓沒有焦慮的人陪同等候；D是不知他們是喜歡單獨等候，還是要人陪著等候。為了能夠直覺判斷這些有焦慮的人將如何行動，你必須首先在心理上把自己置於他們的情緒結構之中，你設想自己也處於與他們具有相同焦慮的情境：因為你不知道會發生什麼事，因而感到不安，於是希望尋找相同心境的人來人際溝通，以減輕不安心情。正因為你心情不安，所以你盡力不讓他人覺察出來，而這也正是另一

位心神不安的人所希望的。於是，兩位心情不安的人，就產生了認同感，彼此需要安撫、陪同。這樣，你就可以得出如下的結論：喜歡讓同樣感到焦慮的人陪同。

要與別人發生同理心作用，你必須對於對方提供的各種訊息相當敏感。這些訊息包括臉部表情、動作姿勢、說話方式、臉紅、顫抖等等。例如，當你觀察到某人發抖或動作不平穩時，根據你的經驗，就可以得到這樣的結論：這個人很拘束、不安。同理心與智力無關，智力高的人，有時卻不能與他人發生同理心作用，因為他們喜歡靠邏輯推理來解釋事情，而忽視或不注意對方的情緒變化，也就產生不了同感。同理心在與顧客人際溝通中特別重要，如果與你談話的顧客不同意你的意見，你應該首先考慮：顧客為什麼對你持反對意見，可能是觀點或經驗不同的緣故。記住：設身處地，就會產生同感與共鳴。

以自我為中心的人，同理心水準較低。因為他們總是炫耀自己，從不顧及他人的反應，從不把自己置身於他人的位置。相反地，他們故意不去理解不同人的想法和情緒，而代之以藐視性的語言，如說：「是這樣嗎？真是一派胡言！」總之，同理心對於客服工作者的重要之處在於：能徹底了解顧客，也進一步了解自己，更加改善人際關係。在交際中，同理心是建立在無條件地接受他人的基礎上，它與正直、誠實密切相關，而與自私、偏見無緣。

二、培養同理心

既然同理心是客服工作者的必備心理特質，也是必修功課，

以下建議有助於培養同理心的能力：

1. 了解彼此的需要

客服工作者要學習充分了解自己的真正需要、情緒和願望，同時也要了解顧客的情緒、需要和願望。

2. 學會積極傾聽

客服工作者要學會積極傾聽，讓顧客把話講清楚，不要匆忙下結論。下結論前，一定要多方面思考。

3. 隨時留意觀察

客服工作者要學會留意觀察街上的行人、餐館的客人、汽車上的旅客等，根據他們的表情特徵，來感覺他們的心理情緒狀態。

4. 認真詳細判斷

客服工作者要學會在判斷他人時，切不可以只憑外觀相貌為依據。只憑他人的臉部表情、走路方式或握手姿勢來判斷人是很困難的，也是做不到的。例如，穿著體面的顧客，不見得是位大方的消費者。

5. 學習敏感性觀察

客服工作者要學會敏感性的觀察。當電視裡播映影片的時候，將聲音關閉，試著猜測劇中人物對話的主題，來訓練你洞察人的敏感性，以達到同理心，這是很好的方法。

6. 區別對人與對事

客服工作者要學會區別對人與對事的差異。在人際溝通中，你可能發現某顧客激烈反對你，他的意見完全是針對你（針對人）而來的，並非對商品（針對事）。這時，你要冷靜，並要深入考慮：這個顧客對我為什麼會持這種態度？是否顧客可能把對其他人的不滿情緒轉嫁在你的身上？

7. 認識表現的背景

客服工作者要學會認識顧客表現的背景，這項學習要從自己開始。要經常問自己，為什麼在那種情境下，你會有這種反應，而沒有那種反應。深入了解你自己的表現背景，會使你「用顧客眼光觀察商品」，讓商品容易銷售出去。

8. 認識動機與表現

如果你不喜歡某種顧客，切不可感情用事，要檢討自己找出原因。只有全面地了解他人的情況，你才能對他人下結論，或改變對他人的態度。你一旦知道他人的表現動機和表現時，你才有可能比較準確地判斷他人，同時對他人的表現反應也會恰當些。

請記住：每一個顧客，不論年齡，身份或教育背景，都有一定的心境，而這種心境一定會影響他消費購物的表現。

02
人際溝通

　　從某種意義上講，喜歡人際溝通是心理健康的表現。通過談話可以表達自己的喜怒哀樂，降低內心的壓力。人際溝通可以彼此交流看法，傳遞訊息，也可在溝通中找到主觀世界與客觀世界的平衡。人若是有話無處講的時候，就容易產生悲觀、失望等不良情緒。在人際交往中，人人都希望有一副好口才，但好口才並不是意味著滔滔不絕或唇槍舌劍。那麼，客服工作者如何成為能言善道的人？

一、選擇合適的話題

　　選擇話題，首先要考慮對方是否願意接受。由於性別、年齡、職業、文化層次的不同，其想法水準、性格特徵、審美情趣以及接受、理解語言的能力也會不同，在交談中對感興趣的話題也不會相同。因此，在交際中要盡量選擇對方有興趣和熟悉的話題。例如，青年人對前途、愛情等話題較感興趣，老年人對身體健康的話題會有興趣；其次，要根據不同的場合選擇話題。

　　客服工作者要學會入境隨俗，力求言談話題及其表達形式與所在場合的氣氛相協調。悲痛的場合，要把歡樂的話題藏在心

裡；輕鬆的場合，話題自然可以開放些；正規的場合，話題一定要注意莊重雅致。一定要認清哪些話題適合在大庭廣眾下提及，哪些話題只能在家庭中談論，否則只會引起他人的反感。最後，要善於把話題引到自己想解決的問題上來。

二、根據顧客的心理說話

客服工作者要學會根據別人的潛在心理說話。與顧客人際溝通時，要注意揣摩你的交際對象心裡在想什麼。如果你說的話與對方心理相吻合，對話的人就樂於接受；反之，你說的話對方就會排斥。例如，某位同事正為了要如何邀約女同事而不知道如何開口的時候，你如果和他談一些關於公司內部的話題，對方一定不會有興趣；如果你和他談自己在這方面的經驗，對方一定和你有說不完的話。

三、不能說的話

每個人都有一些不願公開的秘密。尊重別人的隱私，是尊重他人的表現。所以，當你與顧客人際溝通時，切勿魯莽地隨意提及對方的隱私；相反地，你若不顧顧客保留隱私的心理需要，盲目觸及痛點，一定會影響溝通的效果，甚至引起對方的極度討厭。另外，絕不主動提及別人的傷心事。與人談話，要留意別人的情緒，話題不要隨意觸及對方的「情感禁區」。例如，某位同事父母離異，這給她的心靈帶來創傷，對方若不願主動提及此事，你最好迴避這類話題。還有，最好不要嘲笑別人的尷尬的事。當別人遇到某些不盡如人意的事時，你就應該主動迴避這些

令人尷尬的話題。例如，別人剛剛失去晉升的機會，你就應該要體諒對方的感受，而不去提及此事。總之，人際溝通要避人所忌，不要令溝通雙方陷入難堪境地。

四、注意說話技巧

說話要有技巧，才不會得罪別人。例如，在醫院遇見多年不見的同學，如果不知道對方來醫院的目的是什麼，就很大意的說：「要保重身體！」，而你的同學可能是來探病或是幫別人拿藥，這就會讓對方覺得莫名其妙。說話的技巧在這時候可以稍微運用：「好久不見，今天天氣還不錯！」如果同學是來看病而且願意跟你談相關訊息，這時再適度表達關切之意，才不會讓雙方陷入尷尬之境。

五、設身處地說話

說話要設身處地。有些事情，從不同的角度看，就有不同的理解。人與人之間的交往，之所以容易出現矛盾紛擾，而且一時難以化解，主要是自己深陷其中。如果讓自己進入對方的角色，或把自己置身於對方的情境，就會有另一番感受。例如，當他人遇到挫折，情緒低落的時候，我們都喜歡去幫他人亂下結論，然後告訴對方應該如何去做，並以成功者自居，無形中把對方當成了能力不足和失敗的人。因此，當他人失意時，最好不要高談闊論，而應該去理解、支持與鼓勵，使他人從失意中走出來，調整步伐，重新出發。與人溝通，要把自己置於對方的境地。

六、善用商量語氣

　　說話多用商量的語氣。和對方討論某件事，這不僅表示信任對方，還有邀請對方參加討論、決策的意思。這樣對方也就不自覺地把自己的見解以參與者的語氣向你表達。因此，用商量的語氣說話是增進理解的關鍵，例如，你希望同事幫你遞送一個文件給合作的廠商，而這位同事恰巧住在這個廠商的附近，如果你說：「你將這份文件交給某廠商的某位先生，他們公司就在你家附近，今天晚上一定要送到。」或者說：「某某，可以麻煩你一件事嗎？可能會佔用你的休息時間！」如果沒有被拒絕的話，再說：「謝謝你的大力幫忙，請你將這份文件交給某廠商的某位先生，他們公司就在你家附近。」「時間有一點趕，可以在下班後，幫我送去嗎？謝謝。」這樣的口氣，就算對方要拒絕，也不至於將你們的關係弄得太緊張。

　　此外，在人際溝通中，有時是「無聲勝有聲」。保持沉默也能傳遞特定的訊息，有些時候甚至比有聲語言更有力量，或更得體。例如，不受歡迎的客人，久坐不肯離去，你可以沉默，對他的說話不予回答，相信他一定會很快意識到自己不受歡迎，並自行告退。

03
觀察力

　　觀察力是客服工作者第三項心理特質，這一項人格特質與同理心及人際溝通能力，需要巧妙相互運用，就能夠發揮到最大的效益。觀察力是一種顧客服務的有效工具，能夠幫助客服人員了解顧客的真正需求，以便提供恰到好處的服務。它的前提是需要同理心作為提供服務的態度或心態：願意以真摯與諒解的心情與顧客打交道。此時人際溝通的能力就能夠及時提供支援，讓觀察力適當的發揮作用。

一、觀察力的作用

　　觀察，是人類知覺的一種特殊形式。知覺由於其功能取向不同，常常會有不同的效果。例如，一同參加最新技術的說明研討會(Seminar)，有些同事雖然人到了現場，聽到最新技術的展示說明，但由於他們可能更在意的是研討會後的點心或中餐的菜色，因而對於技術的精髓並未能全盤掌握，而只能得到一些籠統與模糊的概念。而另一些對新技術有極度求知欲的人，不僅全神貫注聽取說明，更將不了解之處向主講人發問，可見他們的理解是有準備的、經過組織的，是有選擇性的。我們把這種有目的、有組

織、持久的知覺活動，叫做觀察。而觀察力則是指能迅速地覺察出事物的重點特徵的能力。

觀察力是人認識世界、增長知識的重要途徑。進化論者達爾文(Charles Robert Darwin)在他的自傳裡說：「我既沒有突出的理解力，也沒有過人的機智。只是在察覺那些稍縱即逝的事物並對其進行精細觀察的能力上，我可能在眾人之上。」不少科學家如牛頓、愛迪生、愛因斯坦都從培養觀察能力著手，由此進入科學的領域。居里夫人的女兒則把觀察譽為學者的第一美德。一位蘇聯教育家也說：「對一個有觀察力的教師來說，學生的歡樂、興奮、驚奇、疑惑、恐懼、窘困和其他內心活動的最細微的表現，都逃不過他的眼睛。一個教師如果對這些表現視若無睹，他就很難成為學生的良師益友。藝術家、作家、工人、工程師、演員，都是多麼需要觀察力。」所以，觀察是智慧的窗口，思維的觸角，認識世界的途徑，檢驗理論的手段，踏進科學範疇的起點。

觀察力是個人成功地完成學習任務的重要前提。無論是商品、銷售、談判的學習，都有賴於良好的觀察力。觀察力強的人，平時累積了豐富的、有意義的感性材料，就會形成正確的意念，逐步向思維過渡。相反，一個觀察力差的人，對周圍的事物抱著淡漠的態度，他們每天也在「看」，但是什麼也沒有「看見」，長期下去，就會成為一個頭腦貧乏、知識淺薄的人。觀察有利於創造精神的養成，觀察活動是直接面向生動的外部世界，因而它最能激發個人對事物內部探求奧秘的欲望。通過觀察，從大自然中、從社會中發現了新的事物，發現了用舊知識所不能解釋的現象，這將有利於打破以往狹隘的經驗所造成的固有知識，

培養對客觀事物的獨立探索精神。另外，從觀察中所了解的事物之間的種種外部關聯，並運用自己的直覺、猜測，可以對自己尚不能解決的問題，提出大膽的假設，並進一步作實驗而得到答案。

人的觀察力有著明顯的差異，這種差異包括觀察的目的性、精確性、全面性等幾個方面，它並不是先天注定的，而是在後天學習和生活過程中逐漸形成的。為了發展觀察力，就必須長期地、反覆地練習觀察。

二、觀察品質與態度

客服工作者需要培養觀察的優秀品質。在學習活動過程中，明確觀察的目的性，把握觀察的對象、要求、方法和步驟，使觀察具有條理性，能綜觀全局，有條不紊地進行觀察。同時，在觀察活動中，要敏銳地發現一般人所不容易發現或容易忽略的東西。同時，既要搜尋那些預期的事物，還要注意觀察那些意外的情況。我們需要把觀察力的各種優秀品質有機地結合起來，使自己能按照預定的目標，去獲得系統的、理解的、深刻的、真實可靠的知識。

同時，客服工作者也需要保持積極的觀察態度。觀察態度越積極，觀察的效果越好。「態度決定高度」，如果態度正確，觀察的效果就越好，要幫助人，就要能設身處地理解人；要理解人，就要觀察人；要學會觀察人，就要有滿腔的熱情，要有將心比心的積極態度，否則就不能找到理解人和幫助人的關鍵。我們只要有積極的學習態度，那麼在眼中的萬千事物就會是一本無邊

無盡的百科全書，處處有數學、哲學、物理、化學等等知識，處處有使我們驚訝和值得思考的奧秘。反之，如果沒有學習精神和積極進取精神，那麼對一切就會視若無睹，充耳不聞，觀察力勢必陷於遲鈍。

三、觀察目的與活動

在學習過程中要有明確的觀察目的。觀察是一種有目的的感知活動。人的周圍環境是複雜而千變萬化的，要能從周圍環境中優先地分出感知的對象，目的性越強，感知越清晰。當明瞭目的任務後，才能使自己的注意力集中在所要觀察的對象上，才能針對地進行細密的觀察，才能對觀察的對象有清晰的認知。確定明確的觀察目的，使自己的注意集中在所要觀察的主要對象上，爭取得到好的觀察效果。如果漫無目的地瀏覽一番，東張西望，心不在焉，就必然降低學習效果。只有明確觀察目的，竭力去捕捉新鮮事物，那麼就一定能發展觀察力。

學習觀察與言語相結合。利用言語可以大大提高觀察的質量，這是因為在觀察前，觀察的目的、任務總是用言語來表述的，言語有利於將你的注意力專注於觀察的客體上。在觀察過程中，對觀察對象作言語描述，可以使人對事物的認識更加準確和清楚。因為要形成語言，一定要經過腦筋的分析、組合、調整，再經由口說或手寫的形式展現，使觀察的結果完整地呈現於別人面前。

四、積極觀察行動

客服工作者要擁有敏銳的觀察力必須採取積極的行動來學習，包括：培養濃厚的觀察興趣，擬定周密的觀察計劃，堅持撰寫觀察記錄或觀察日記，以及善於運用已有的知識去觀察。

1. 要培養濃厚的觀察興趣

把廣闊的興趣和主要興趣結合起來，形成濃厚的觀察興趣，這是增強觀察力的重要條件。因為興趣可以增強求知欲，提高觀察的敏銳性。

2. 擬定周密的觀察計劃

為了保證觀察活動有系統、有步驟地進行，需要擬定周密的觀察計劃，明確觀察的對象、任務和要求、步驟及方法，心中有全盤的概念並且有系統地進行觀察。計劃可以是書面的，也可以是將重點熟記在頭腦中，可以視情況而定。

3. 堅持撰寫觀察記錄或觀察日記

寫觀察記錄或觀察日記對於培養自己的思維能力、語言表達能力、發展智力都是有現實作用的，同時還可培養持之以恆的自我學習精神。

4. 善於運用已有的知識去觀察

你應學會靈活運用已知的知識，去細緻、深入地觀察客觀事物。

個案討論：
寶寶與寶寶

　　世界各地的護髮產品企業為加強其產品銷售，都在時尚雜誌或電視登廣告，以吸引消費者的關注。但是，有一家針對特定用戶群的企業卻有著不同的策略，那就是「寶寶與寶寶」(Bumble and Bumble)。

　　「寶寶與寶寶」不會在廣告上花1美元。它並非通過美容產品經銷商將自己的產品銷售到美髮沙龍，而是直接銷售給美國頂級美髮沙龍。同時，它還通過「寶寶與寶寶」大學（該企業為美髮手藝、文化和商務而自設的教學中心）為沙龍的老闆和美髮師提供護髮課程及商務培訓。「我們曾經說過，要將我們的訊息傳遞給那些沙龍和美髮師，我們要賦予他們知識。我們將使他們富有見識、充滿熱情，成為我們品牌的狂熱粉絲。」「寶寶與寶寶」的高級運營主管艾里‧哈利維爾(Eli Halliwell)說。

　　2000年，雅詩蘭黛(Estee Lauder)收購了「寶寶與寶寶」60%的股份。「寶寶與寶寶」目前透過美國1700家頂級美髮沙龍銷售其產品。此外，「寶寶與寶寶」的產品在自營的兩家高檔美髮沙龍、紐約著名的布明頓百貨(Bloomingdale's)和巴尼斯百貨(Barneys)以及少量精選的海外零售商販售。「我們只想和業內少

數最好的沙龍合作，但是我們希望發展一種非常緊密的、整合的關係」，哈利維爾先生如是說，「我們將這一思想與業內其他對手進行比對，在我們看來，他們就是想要『包山包海』，他們不會有什麼關係資源，因為他們使用經銷商銷售產品，而且他們的客戶定位太過廣泛。」

但是，與某些沙龍擁有密切的關係，並不一定就能轉化為更高的銷售額。「寶寶與寶寶」決定採取增加收入的方法，就是為那些頂級沙龍提供教育培訓的機會，同時與之發展一種良好的夥伴關係。「我們的大學本質上是為了與沙龍建立更好關係的途徑，而更好的關係轉化成了我們更高的生產力。」哈利維爾先生表示。「寶寶與寶寶」大學成立於2002年4月，下設兩個學院：設計學院和商務學院，學校提供商務、客戶關係和設計方面的課程。課程只對那些銷售「寶寶與寶寶」產品的沙龍開放。為了使沙龍具備合格條件，「寶寶與寶寶」設計了一個類似於累積飛行里程換免費機票的忠誠積分計劃：沙龍每消費「寶寶與寶寶」產品1美元，沙龍老闆即可獲得1個積分。比如說，為期5天的商務課程折合16750積分，該課程包括5個領域：戰略管理、財務管理、零售和銷售、庫存管理，還有領導力與溝通。

 討論

1. 「寶寶與寶寶」是怎樣用增值訊息塑造忠誠的客戶？
2. 你認為他們的戰略有效或無效，有效或無效的原因是什麼？

**思考問題**

1. 何謂同理心？
2. 如何培養同理心？
3. 如何成為能言善道的人？
4. 觀察力的作用是什麼？
5. 怎樣才能做到積極觀察行動？
6. 試以旅館接待人員的角度，擬定一個觀察計劃：本國旅行團
   與外國旅行團接待的重點。
7. 試舉例說明：運用已有的知識去觀察。

Part2

實務篇

💜 Chapter 4　認識顧客為何而消費

💜 Chapter 5　了解顧客的需要與滿足

💜 Chapter 6　提供顧客適當的消費訊息

💜 Chapter 7　善用顧客的愛美心理

💜 Chapter 8　有效的說服與誘導

💜 Chapter 9　顧客的抱怨與流失

💜 Chapter 10　加強顧客的忠誠度

Chapter 4

認識顧客為何而消費

01　享受的代價

02　消費的動機

03　消費滿足感

顧客為何而消費？答案非常簡單：顧客是為了滿足需要而進行消費。如果再進一步追究顧客的需要是什麼？滿足需要的方式又是如何？答案就越來越複雜了，因為每個人的消費動機不同，同一消費者，在不同的時機，其消費需要也不盡相同。例如，顧客買雨傘，在下雨天是為了要遮雨，在晴天就不一定：可能為了替代剛好遺失或損壞的舊雨傘，也可能認為晴天雨傘的價錢比較便宜，甚至家人或朋友要求代購等等理由！由於這個議題的重要與複雜性，就是我們把探討「認識顧客為何而消費」的議題放在客服心理學實務篇的第一個項目。內容包括三個議題：一、享受的代價；二、消費的動機；三、消費滿足感。最後，有一項個案討論：甜甜圈店的服務。

01
享受的代價

在人類的經濟活動中，生產和消費一直被看成是生命的永恆主題，其過程是，人們為社會生產財富，同時又以財富來滿足自己，由此形成一種永久性的循環。這樣，從財物生產和人的消費這一主題出發，生產是由勞動者的需求維持的，而消費的擴大會持續地刺激生產，這必將增加人的就業機會，反過來又刺激更大規模的消費，這已成為不可抗拒的人類的規律行為。

一、需求多樣化

從總體上看，世界性的消費需求朝著多樣化、個性化方向發展，商品趨勢也出現了新特點。概括起來有以下五項特點：

(1) 高級化。
(2) 安全化。
(3) 健康化。
(4) 簡便化。
(5) 風行化。

這種商品趨勢不僅引起各國商業界的關注，也促進了心理學

對消費動機和消費行為的研究。隨著經濟的規模的擴大，人們對消費行為及權益的關注日益加強，一些學者從研究消費者是什麼樣的人？消費者為何消費？將消費行為與人格聯繫起來。也有人開始探討影響消費者行動的期望與態度、消費在不確定條件下的反應等問題，有更深切的研究。

學者通過對消費者的態度、期望及其變化的資料收集與分析中，發現心理因素對經濟行為的影響，主要表現在有關消費、儲蓄、投資、娛樂等商業行為的決策中。例如消費者的支出，取決於他們的收入、環境因素和心理因素的影響；而消費者心理對經濟波動的影響，超過消費者的收入變動對經濟波動的衝擊。消費者的心理期望，可能導致提高或降低消費率。總之，消費者在社會生活中的地位，以及在某個時期的心態和需求，決定著人們的動機和行為。具體地講，對消費者心理的研究，主要包括以下方面的內容：消費知覺、消費個性及消費心態。

二、消費知覺

消費知覺是消費者在購買商品之前，對商品形成感覺的知覺過程，即通過視、聽、觸、嗅、嚐五種感覺，形成對某一商品屬性的反應。在這個過程中，消費知覺由選擇的感受性和知覺的認受性組成。根據這一理論，選擇的感受性具有三個過程：

1. 選擇性注意

如人們在挑選商品時，大比小、亮比暗、左比右更容易引起注意。

2. 選擇性自我抉擇

這種自我抉擇取決於人們的經驗、偏好以及當時的情緒等等，以形成一種自我理解的結論。

3. 選擇性記憶

如人們在生活中往往容易記住那些與自己態度、信念、興趣相一致的東西，而容易忘記與自己無關的東西，選擇商品也是如此。

消費知覺的過程是由選擇的感受性，向知覺的認受性提升的過程，因此，人們對那些熟悉、常見的商品，極易產生認同心理，而對於那些陌生、怪異的產品持排拒態度，而影響消費動機。

三、消費個性

一些學者認為：個人的價值觀念和生活態度是影響消費心理的重要因素，例如理念型的消費者，其個性是追求新穎，關心產品的變化，有流行從眾的消費心態；經濟型的消費者則對效用和最高值特別敏感，超值享受常常能激起強烈的購物欲望；審美型的消費者，對於外觀優美的商品感興趣，並且從自我審美的內在感覺，進一步表現自己的個性；社會型的消費者，則是按照團體價值的標準購買商品，對價格並不挑剔，常常將商品交易視為雙方溝通的人際交往；政治型的消費者，對權力具有較強的支配慾，並能輕而易舉地獲得所需的商品，因而不強調價格是否合理，更注重的是如何滿足欲望。

此外，宗教型的消費者，其個性神秘、專注，遠離一般社群生活，他們喜歡那些與精神信仰有聯繫的商品，而拒絕那些與宗教禁忌有關的東西，具有特殊的文化傾向；傳統型的消費者，常常挑選他們熟知的商品，抵制變化的東西，有不受他人影響和習慣購物的消費傾向；開放型的消費者，則以追求時尚和流行趨勢為目標，他們的消費趨向常常影響別人，但也受別人的影響，雖然這類消費者具有多樣化、不穩定的特徵，卻能引導商品消費的潮流，是各種新潮商品的主導力量。

四、消費心態

在一般性的商業經營活動中，消費者的購買行為受個人對想要購買商品的態度所支配，而這種態度是由消費者個人的需求動機、購物環境、社群結構以及文化背景等多種因素決定的。一般說來，評價一種商品的好壞與否，有下列三個因素：

1. 以個人的情感強度為依據。
2. 信念，它包括了對商品特殊性和一般性的理性認知，並由此決定購買欲的強弱。
3. 行為選擇，行為選擇是極複雜的心理模式。

以上三項，以行為選擇心理模式因素最為重要，也就是消費者決定是否購物的心態和行為選擇。它包括了個人對商品消費所形成的各種功能性指向，例如：順應功能是指消費者隨著潮流的從眾心理傾向；自我防衛功能是指消費者維護自身權益、防範他人侵害的自我保護傾向；價值表現功能是指消費者對價值觀和社

會觀的個人表達傾向；知識決策功能是指消費者對產品和勞務所具備的知識結構，並因此決定購買行為的理性決策傾向。

Chapter 4
認識顧客為何而消費

02

消費的動機

消費動機是商業活動交易的關鍵，因此識別消費動機是客服工作者的必修功課。探討消費動機，包括以下六個項目：一、消費的基礎；二、隱性消費動機；三、需求階梯論；四、精神文化消費；五、消費趨勢；六、消費的挑戰。

一、消費的基礎

不同的地位、境遇、感受決定了不同的動機和需求，而需求欲望又是決定消費動機的重要前提。例如，處在較低需求階段的消費者，常常將收入的大部分花在購買食品、衣著的生存需要方面，處在較高需求階段的消費者，則把花費用在高檔商品和奢侈性消費的需求上。還有，像戀愛階段的青年人，常常在服裝、零食、化妝品及各類工藝產品等方面花錢較多，而希望在學科方面作出成就的學者或科技人員，花費多數用在購買圖書、報刊、影音等物品。

人們出於生活習慣和業餘愛好，而購買某一類型的商品，常常是大眾消費的一種主要形式，如有人愛養寵物，有人愛集郵，有人愛照相攝影，有人愛看電影，有人愛欣賞音樂等等，這種由

興趣愛好促成的消費動機，往往與消費者的知識範圍、生活情趣有關，因此具有經常性和連續性的特點。

二、隱性消費動機

除了可以察知的消費動機之外，還存在一種隱性的消費動機，即消費者暫時不能付諸實現的消費欲求，它與市場預測、產品更新、價格浮動都有密切的聯繫，具有無法預知的經濟潛能。在主觀上，這是基於消費者的模糊印象、預期想像和目標欲求等心理變量的影響所致，但在客觀上也與不同消費群體的購物標準和購買能力有關，從而導致消費行為的層次化和等級化。

在東方文化中，把對生活的知足、安貧、自樂視為人格美和道德美的理想境界，因此，崇尚儉樸和追求奢華就構成兩種不同的消費價值觀念，像儒家就認為統治者要富國利民，必須實行節儉，而奢侈的危害極大，容易導致社會無序，生產停滯，民風敗壞。主張奢侈無害的法家則認為，奢侈是使富人消耗財力的有效辦法，這樣可以使富人的財力不致於膨脹到與國君分庭抗禮的程度，而且富人追求奢侈，增加了對商品的需求，窮人就會有工作可以做，生計也會改善，國家也才能治理好。顯然，節儉和求奢都是從維護國家治理為目標，並沒有涉及市場消費行為。

在西方文化中，隨著資本主義興起，市場把人的消費緊密地聯繫在一起，使新的欲望不斷產生，而這樣消費方式的變化，使節儉的風氣式微，而消費更多的物品也就成為勞動生產的唯一目的，亞當·斯密(Adam Smith)因此指出，勞動得到的回報越大，消費的動機也越強烈，他說：勤勞的目標，如果不在於生產可供

人們享用的東西，或可以增加人類生活方便或舒適的東西，那還有什麼意義呢？反之，如果我們不把勤勞的果實拿來享用，如果勤勞不能使我們有力量養活更多的人和給人更美滿的生活，勤勞究竟有什麼利益呢？亞當·斯密強調勤勞節儉的目的只有兩個：一是享用，二是將剩餘的生產物變成資本累積。

三、需求階梯論

美國心理學家馬斯洛(Abraham Harold Maslow)從人本主義出發，將人們對商品的需要由低到高地排列起來，提出需要是一個從低層次需要向高層次需要發展的過程，它與人們在某個時期佔主導地位的心理需求和客觀條件有關，他認為，生理需要，安全需要，社交需要，審美需要，尊重和名望的需要，求知與理解的需要，創造自由的需要等，構成了人類需要系統的基本輪廓，從中可以分析人們消費的動機和行為的差異。然而，在現實生活中，消費者的需要動機常常是以最簡單的方式表達出來，並因此決定其消費行為的選擇，從以下幾種消費行為的比較中，可以略見一斑。

第一，是以滿足商品的使用價值為主導傾向的消費行為，其核心是講求實用和價格低廉，這些人在購買時特別注意商品的效能、質量和方便耐用，常常以貨比三家的角度出發，對所購商品反覆挑選，詳細比較，討價還價。一般說來，薪水階層中絕大多數人屬於這種心態，他們因經濟收入較少而對商品價格十分敏感，購買物品也以生活必需品為主，代表了一種主流化的大眾消費趨向。

第二，是以比照同事、鄰居或某一消費族群為主導傾向的消費行為，其核心是虛榮和好強，這主要是受自己熟悉的環境示範因素的影響，抱著一種「你有的我要有，你沒有的我也要有。」這樣的競爭心態。至於是否符合自己的購買能力或是實際需要，則比較不予考慮，假如鄰居或同事買了新穎豪華轎車、高解析度寬螢幕電視機等，甚至別人到高檔餐廳用餐，也都可能造成比較的心理壓力，並設法為短期內買到或享受類似商品而節衣縮食。

第三，是以顯示自己地位、威望和富有為主導傾向的消費行為，其核心是炫耀和奢華，具有這種動機的人往往是那些位高權重者、星光閃閃的明星，他們常常以高檔消費品作為表現個人身份地位的標榜，以顯示其身份地位的特別，龐大的經濟能力以及社群生活的主導實力。當今在世界各地紛紛出現的富豪專屬賣場、明星專櫃等，就是為了適應此類消費者而漸漸流行的，這顯示金錢的影響力在消費行為中，已越來越突出。

其實，從消費者個人心理看，人人都希望商品的交易是平等和友好的，也希望在購物過程中受到應有的尊重。然而，人們在購物時受到某種因素的刺激，例如受到冷淡招待、輕蔑或嘲諷時，有可能促成一種衝動式或強迫式購買，這時消費者常常不顧自己的實際收入，去購買並不需要的商品，而只是為了個人的尊嚴。因為平等、自尊的自我價值意識會在一種特殊的氣氛中被激發出來，形成一種強烈的購買動機。

四、精神文化消費

在台灣，精神文化的消費支出正在緩慢增加中，一些高層次

消費，如藝術品拍賣、娛樂與健身型消費，以及旅遊觀光型消費，已相當普遍。但是，發展精神文化消費決不是發展一般的夜總會、舞廳、酒吧一類的通俗娛樂場所，而是應該結合台灣的特點，大力發展那些高層次的文化消費，促進文明發展、高雅、形式多樣的精神娛樂產品，把精神文明建設、提高生活品質與經濟發展緊密聯繫起來。

文化消費一旦形成一種社會化產品，就必然以物質的特性為基礎，滲透到人的獨立發展方面。同樣，精神消費產品與物質產品一樣，只能通過市場管道來實現，從事這類生產的部門或個人才能獲得再生產的能力，因為只有通過市場消費行為，它所蘊含的審美價值和社會效益才能得到實質性的體驗，消費者如果拒絕購買，也就意味著拒絕了價值認同，並失去社會效益的可能性。因此，精神文化產品追求審美價值與市場效益的結合，最終要通過創造主體與接受主體之間的某種心靈的溝通。

在歐美，消費心理學的研究正朝著大眾消費的文化群體特徵、女性消費者心理認知、以及高新技術產品的流行趨勢，特別是隨著經濟全球化的到來，人們多從網路世界訊息傳播的快捷中研究文化消費心理的變化，而電腦、多媒體、行動電話、網際網路的普及，已對社會結構、文化心態以及人的消費方式產生了重要影響，而消費心理的變化也將深刻影響未來的商品趨勢。

五、消費趨勢

從消費行為的差異來看，發展商品生產的潛力主要來自整個國民收入水準和消費者實際支出能力。當收入下降時，用於消費

和儲蓄的支出也會相對減少。在一般情況下，消費者對整個經濟環境具有信心，在購買高貴商品以及用於娛樂、度假、旅遊方面的支出顯然會增加，相反地，如果消費者對經濟前景不樂觀，同時又受到醫療支出、子女教育費用、購買房屋等因素限制的話，消費也僅僅限於維持基本生活的標準。特別是在通貨緊縮的情況下，市場的促銷效果一定減小，激起大眾的消費欲望，卻不是一件輕而易舉的事。

隨著經濟繼續在低檔盤旋，市場出現了商品滯銷，資金周轉困難，無數企業面臨停產的危機，人們的收入預期也持續下降，這種經濟形勢帶來的心態變化，就是如何使自己的支出效用達到最大化和最優化。這種由安全感降低而帶來的限制支出的心理現象，證實了消費願望水準將因成就感而提高，或因失落感而下降，因此，成功和失敗的心態對未來的消費行為具有關鍵的作用。

人類文明發展的趨勢，由追求簡單的生存條件，到追求較為複雜的精神享受，這是一個循序漸進的過程，而經濟發展的方向將從物質領域逐步轉向精神文化領域，文化消費將成為人們未來生活的重要內容。因此有形物質充足和技術累積進步，並不是組成人類幸福的關鍵成分，還需要與文化因素相結合，才能使環境的保護與人的幸福相一致。

例如食品的消費正在深受人們文化心態的影響。高熱量和高蛋白食品曾是人們追求的主要食品，如肉類、蛋、牛奶、巧克力等等，接著，無污染食品和有機食品流行，這些食品是指那些從沒有污染的土地上生產的水果、蔬菜、肉禽或再加工食品等等。

近年來，健康食品和美容食品又隨著消費者健康意識的增強又重新流行起來，像藻類製品、深海魚油等保健食品，直接影響人們的消費觀念和消費行為。

還有生活用品引起的消費流行。在人們的生活中，所謂耐用消費品的概念，是指那些具有導致再消費的大型家電產品等，例如電視機、影音設備的大量生產，一方面豐富了人們的文化生活，坐在家裡就能欣賞戲劇音樂，觀看新聞和電視劇，另一方面也帶動了大眾傳播娛樂業的繁榮。又如電冰箱具有食品保鮮、冷凍的功能，人們不必天天採購食品，而一次性購買大量食品，不僅適應了冰箱的使用特徵，也促進了食品賣場的爭相擴建。而電腦產品也是如此，它已成為人們學習、辦公、交流的必備品，它所帶動的消費，不僅是那些軟硬體及其周邊零組件的支出，還有頗具潛力的網路應用及電子商務等等。

六、消費的挑戰

然而，當代社會面臨的最大挑戰，是從生活方式、心理品格、行為結構的迅速變遷中，混亂了人們對現代的理解。在這種文化趨向的引導下，人們被告知：要更輕鬆、更舒適、更瀟灑地活著，就像媒體廣告和流行雜誌封面上的俊男美女那樣，生命意味著要賺更多的錢，有更多的享受，有更華麗的裝扮，至於什麼是活得有價值、有品味，就不重要。有些人對商品經濟的心態，就是期望過高，恨不得一夜之間就要過種種舒適的生活。

因此，一些青年男女已經成為流行品牌、尖端商品的主要消費者，這正是他們富於表現、跟隨潮流、忽視傳統的心態造成

的；雖然不乏一些為了滿足其精神審美的需要而進行各種消費的人，並有著程度不同的審美情趣和個性體驗，但在總體上是從商品世界尋求享樂、時髦和奇特的感覺，具有標榜人生、渴望變化、超越別人的自我滿足感。

雖然人們已經深深感到單純追求物質享受、及時行樂、揮霍浪費等是人性差異的表現，強調人類除了追求物質滿足之外，還應該有豐富的人文精神寄託，但對嶄新商品不斷推陳出新帶來的誘惑卻無法抵禦。布熱津斯基(Zbigniew Brzezinski)在《失控：解讀新世紀亂象》(*Out of control: global turmoil on the eve of the twenty-first century*)一書中，就特別指出，消費主義的精神特徵已經取代了倫理標準，幸福的定義也只是更全面地獲得商品的立即的自我滿足，而烏托邦的狂熱就被欲望難以填滿的消費揮霍所取代。

進一步講，經濟因素並不僅僅表現為如何協調生產與消費的關係，更多地是受到文化心理因素的制約，因為心理特質既造就了人類生活的豐富、和諧與幸福，也抑制了人類理性的充分發展。無數事實顯示，經濟活動的心理認同已越來越突出，成為人們選擇生活方式和價值方式的重要因素，而商品經濟往往片面強調其效應，諸如漫無節制的謀利精神，赤裸裸的金權交易，充滿狡猾的商業投機頭腦，冰冷嚴酷的制式理性，放棄人文關懷的現世功利情結等等。

03
消費滿足感

　　前面兩個項目：享受的代價與消費的動機，基本上是針對顧客，消費滿足感則是同時針對提供消費服務者與顧客兩方面。換言之，當顧客滿足消費需要的同時，提供消費服務者同時也獲得滿足感受。2012年4月25日中央社報導一則新聞：接近大自然的寧靜及滿足感，報導一位遠征紐西蘭種植奇異果事業有成的個案，值得我們深入探討。

一、事業結合興趣

　　眼看農業人口老化，卻有人在20年前，才20幾歲就遠征紐西蘭種奇異果。至紐西蘭取經的雲林縣農業處長呂政璋受訪有感而發指出，已推動農業大學及設施補助，正逐年擴增年輕人務農。45歲的林宏宗說，他20多年前，才20幾歲，因為喜歡大自然，面對紐西蘭保存甚佳的大自然環境，「我第一眼就喜歡上了，於是隻身來到紐西蘭」。喜歡大自然的人，進而成了紐西蘭奇異果契作果農。林宏宗說，他種了10幾年，面積約10公頃。紐西蘭奇異果國際行銷公司全球行銷暨業務總裁陳郁然說，試算每位契作果農平均年收入新台幣400到500萬元，而林宏宗的栽種面積在2700

位契作果農中，屬於面積較大者。

　　已在當地成家的林宏宗，前陣子發現投資獲利率更高的時機點下，賣出2/3的果園提高獲利。但他又說，他不可能退休，他就是喜歡土壤、種奇異果，「那種務農、接近大自然的寧靜及滿足感，不是光從獲利觀點能比的」。因此，他說，「打算再買地來種，我退休不下來，還是想再種果園」。林宏宗還說，其實除了他，還有另一位台灣人也在紐西蘭種奇異果。農業若能給年輕人願景、引發投身理想的熱忱，就算跑到海外都願意務農，反觀台灣農業卻面臨嚴重老化的問題。坐在林宏宗旁的年輕一代地方政府農業官員呂政璋也說，台灣農業要翻新，除了行銷要加強，還要同步翻新人力、注入新血，台灣農業才能走新的路。

二、滿足感的發揮

　　與一般農業官員背景不甚相同，來自主力量販業者的呂政璋，深諳市場運作與軟體人力資源需要孕育的道理。他說，已在雲林縣開辦農民大學，2010年是第一年，有60位年輕人參加，2011年是第二年幾乎倍增到110人參與，今年還要再擴大。他指出，參與農民大學的人，真的有很多人都想務農，有了務農實境參與的學習機會，多數都想留下來務農，其中若是農民的第二代，則想返鄉務農。結合現實考量，他進一步發現，年輕人務農，多想從事設施蔬果農業，包含種花、玉米、稻米、柳丁及柑橘等的栽種，於是他再推設施補助方案，兩政策搭配下，已吸引多數上過農業大學的人務農，還有人為此將戶籍遷到雲林縣從農。

呂政璋補充，雲林縣約有73萬人，其中直接從事農戶數為7.5萬戶，平均每戶3.5人計算，計有26萬2500人；若加上食品加工業與包裝業的間接從農人口，總數更大；農業大縣的雲林縣農業年產值已有新台幣648億元，一定要世代交接延續，以擴大產值與獲利率。

個案討論：
甜甜圈店的服務

　　一個陰雨連綿的早晨，飢腸轆轆的哈利在一個混亂的地方迷了路，他跌跌撞撞地走向一家甜甜圈的小店，店外的汽車非常混亂的停放著，因為停車場的標誌線早就模糊不清。停車場邊的垃圾箱被塞得滿滿的，還有些垃圾溢了出來。

　　走進店裡，只見到幾個人，有的在抽菸，有穿著毛皮風雪大衣的，都在等著買甜甜圈，看來這家店根本沒有服務客戶的系統方法。那些膽大的插隊，而有禮貌的人希望能引起店員的注意。哈利等了大概7分鐘，這期間只見兩個店員忙個不停，接受顧客點餐，走進廚房，再出來，然後收錢。哈利的眼睛又看到了不乾淨、沾滿咖啡漬的櫃台，而他即將在那裡進食甜甜圈。顯然，櫃台最近沒有清潔過，看起來也沒有清潔一下的打算。這時，哈利聽見顧客發出抱怨的聲音，原來店裡買一送一的促銷政策，對於某些不同價錢的甜甜圈不適用，兩位店員正一臉厭煩、面無笑容地做著解釋。

　　哈利終於輪到他點餐，與一位17歲的女孩面對面。哈利從她那張臉上看到了服務態度中不太好的東西，哈利問她有多喜歡她的工作，女孩直視著他，說道：「令人厭惡！」

討論

1. 假設你是這家甜甜圈店的店主，你會怎麼做呢？

2. 關於服務速度慢的問題，應該怎麼加以改進？

3. 為何服務速度慢可能導致顧客憤怒和不滿？

思考問題

1. 商品趨勢新特點是什麼？
2. 消費者心理的研究，有哪三大方向？
3. 評價一種商品的好壞與否，有哪三個因素？
4. 試說明以顯示自己地位、威望和富有為主導傾向的消費行
   為。
5. 如何獲得消費滿足感？

Chapter 4
認識顧客為何而消費

Chapter 5
了解顧客的需要與滿足

01 需要的條件與特徵

02 需要的層次理論

03 客服心理的應用

個案討論：
客戶滿意度下降

　　客戶滿意度下降，是困境還是機遇?每一個客服工作管理者都能講出一堆有關低劣服務的故事。我們每天都遇到不滿意的服務，這些低劣服務之中的一大部分可以歸因於個人與企業的態度問題，企業在進行商業決策，包括改變政策、關閉營業點、縮短員工培訓時，往往對這些決策可能給客戶造成的影響考慮不足。我們都已經對不太理想的服務習以為常，儘管那種聲稱我們所處的時代乃是服務時代的說法不絕於耳。

　　幾十年以來，一些開明的企業對客戶服務給予了大量的關注，採用了很多方法來改進客戶服務。大多數的企業推出了客戶服務改進方案或戰略。然而，儘管這些舉措紛紛出爐，然而客戶滿意度水準卻不升反降。針對這個問題，《財富》和《哈佛商業評論》這些主流出版物報導的一些統計數據表明，情形越來越糟。換言之，客戶滿意度水準的下降是許多企業面臨的重大問題。報導說，進行過至少一次服務水準投訴的人數與5年前相比，上升了百分之八十以上。英國的研究人員估計，對一個中等規模的企業來說，客戶服務問題每減少百分之一，在五年的時期內可以產生一千六百萬英鎊（約二千萬美元）的額外利潤。要如

何解決這個難題？我們將從了解顧客的需要與滿足開始。

資料來源：Emily Yellin, (2010) *Your Call Is (Not That) Important to Us: Customer Service and What It Reveals About Our World and Our Lives*

Chapter 5
了解顧客的需要與滿足

針對「了解顧客的需要與滿足」主題，本章要討論三個議題：一、需要的條件與特徵；二、需要的層次理論；三、客服心理的應用。內容也包括客服故事：稱讚他人，以及個案討論：飯店服務。

有關人類各種需要的關係，心理學家馬斯洛認為，人類動機生活組織的主要原理，乃是基本需要按優勢或力量的強弱排成等級，從低處往上爬升。其主要動力原則是優勢需要一經滿足，相對弱勢的需要便會出現。生理需要在尚未得到滿足時會主宰個人，同時迫使所有能力為其服務，並組織它們，以使服務達到最高效率。相對的滿足平息了這些需要，使下一個階層的需要得以出現。後者繼而主宰、組織這個人，結果，他剛從飢餓的困境中逃出來，繼而又為安全需要所困擾。上述原則也同樣適用於歸屬與愛、自尊、自我實現等比較高層次的需要。根據這個原則，客服人員要認知：一旦購買了真皮的皮鞋穿在腳上，除非例外，例如需要休閒或運動之用，顧客不會購買廉價的皮鞋；或者，項鍊專櫃客服人員絕對不會向一位掛珍珠項鍊的顧客推銷人工項鍊。

01
需要的條件與特徵

　　馬斯洛認為，與個人動機有密切關係的是社會環境或社會條件。在滿足基本需要的各個先決條件中，馬斯洛列舉一些條件：言論自由，在不損害別人的前提下，可以隨心所欲，質詢自己，自衛自由，正義，誠實，公平及秩序。一旦危及這些先決條件，人們就會做出類似基本需要受到威脅時的那種反應。用馬斯洛的話來說，這些先決條件本身並不是目的，但因為它們跟那本身就是目的的基本需要有著如此密切的聯繫，以致這些條件也幾乎成了目的。人們會保衛這些條件，因為，沒有了它們，基本需要的滿足就無從談起，或至少受到了嚴重的威脅。例如，政府頒佈宵禁令，限制人民在特定時間的社會活動及商業活動。

一、需要的條件

　　曾有一段時間，馬斯洛一直意識到他的動機理論有不足之處，他覺得他的動機理論似乎無法解釋：既然整個人類是趨向於發展的，為什麼還有那麼多人無法發揮他們的潛力？後來，他的思想有了些突破，他引入了挑戰（刺激）這一外部環境的前提條件。進一步認為，人似乎有點自相矛盾，既有惰性傾向，同時又

有運動、發展的傾向。他解釋這是由於生理的原因：人需要休息或恢復。但這同時也是一種心理反應：人需要聚集能量。

馬斯洛指出，動機的層次發展原理只是一般的模式，在實際生活中，動機的層次發展並不是固定不變的，例外是很常見的。例如在有些人身上，自尊就似乎比愛更重要，而另一些顯然是天生俱有創造性的人，儘管缺乏基本需要的滿足，他們仍積極投身於創造活動。在東方文化中，普遍存在著這樣的情況：高級需要不是偶爾在低級基本需要的滿足後出現，而是在強迫、有意剝奪、放棄或壓抑低級基本需要及其滿足後出現（如禁欲主義）；富有理想和崇高價值的人為追求某個理想或價值可以放棄一切……他們是堅強的人，對於不同意見或者對立觀點能夠泰然處之，他們能夠抗拒公眾輿論的潮流，能夠為堅持真理而付出個人的巨大代價。

一個長期失業，多年來心裡只是想著肚子餓的人，可能會失去或者減少對高級需要的期望。心理變態者對愛和友情的需要顯然完全受到挫折，以致於他們給予並接受愛與友情的期望也都完全失去。當然，歷史上也有許多人完全無視自己的基本需要，而成了某種理想的殉道者。有幸生於能滿足人們基本需要的環境中的人，會使自己的性格發展得非常一致，以致他們能在相當長時期地忍受這些需要的喪失或挫折。在人的早年生活中，尤其是在出生後的最初兩年裡，就滿足他們的這些需要是很重要的。正如馬斯洛所說：幼年時期就得到安全感，變得堅強的人，在以後的生活中無論遇到何種威脅，他們通常都能保持安全感和堅強性格。

馬斯洛還提醒人們不要過於拘泥地理解各層需要的順序。我們決不能以為只有當人們對食物的期望得到了完全的滿足後，才會出現對安全的需要；或者，只有充分滿足了對安全的需要後，才會滋生出對愛的需要。我們這個社會中有很多人，他們的絕大多數基本需要都部分地得到了滿足，但仍有幾種基本需要還沒有得到滿足。正是這些尚未得到滿足的需要能強烈地左右人的行為。一旦某個需要得到了滿足，那麼它就不能影響一個人的動機了。

二、需要的特徵

　　人們可能意識不到他們需要的徵兆或現象，普通人意識不到的時候多於意識到的時候，儘管在合適的技術和成熟的人的幫助下，他們也可能會變得略有知悉。行為是很多驅使力作用的結果。它可能是幾種基本需要綜合作用的結果，也可能是個人的習慣、過去的經歷、才賦和能力以及外部環境作用的結果。例如聽到車輛這個詞，人們馬上想到的記憶中的一輛汽車或者機車，這種反應與馬斯洛所說的基本需要是風馬牛不相及的。

　　馬斯洛說，如果這一發現結果證明是真實的，那麼，它與如今指導著所有科學思想的一個基本公理是完全背道而馳的。那條基本公理是：人的認識越是客觀，越是不受個人感情的影響，則它就越是遠離價值。知識分子似乎總是把事實與價值看成是反義詞，認為兩者是互不相容的。綜上所述，馬斯洛指出，滿足理論是一個不完整的理論，它必須與挫折理論、學習理論、心理病理論、心理健康理論、價值理論、約束理論等結合起來才可能變得更為合理，更加完善。

客服故事：
稱讚他人

　　一位客服工作者，你多長時間稱讚顧客或同事一次？為了得到一個更好的回答，試試這樣做吧：帶上一個小筆記本，記下你稱讚他人的次數。每次與人交談後，加總一下你說了幾句讚揚的話，並且將次數記下來。持續一段時間這樣做一小時、半天或是一整個工作日。接著，培養稱讚他人的習慣，不妨這樣做試試：設定一個目標，每天說10句真誠讚揚的話，看看會發生什麼。你可能會發現自己受歡迎的程度立刻增加。人們喜歡被稱讚、被恭維，當然，稱讚同事也有助於營造一種相互支持、令人愉快的工作氣氛。

　　正如你要問候顧客一樣，眼神交流在時機掌握上也是很重要的。要盡快地與顧客進行眼神交流（在幾秒鐘內），即使你正在忙於接待另外一位顧客，你用不著完全停下正在做的事，你只需暫停一下，向剛進來的顧客快速地看一眼，也可以稍微點頭致意，以減少他們感到被怠慢而離去的可能。

　　在接待顧客時，要注意注視他們的方式。溝通專家伯特·德克爾(Bert Decker)提出了眼神交流的3I原則(three I's of eye contact)，即親密(Intimacy)、脅迫(Intimidation)和包容

(Involvement)。親密（當我們表達愛意時）和脅迫（當我們想要施加強權時）都是以不同時間去注視他人（10秒鐘到1分鐘或更長時間不等）而表露出來的情緒。

但是，大多數商務環境下的溝通，都要求德克爾所說的第三個「I」：「包容」。在西方文化中，注視他人5～10秒鐘然後將眼睛轉開就能營造一種「包容」的效果。一般來說，這個時間會讓人們感到比較舒服。如果注視對方的時間太短，會給人一種游離躲閃、形跡可疑的感覺；如果盯著別人看的時間過長，感覺就像威懾別人或傳達柔情愛意，也會讓人感到不舒服或是不知為什麼被盯著看。這些傳統和習慣在不同國家會有所不同。

02
需要的層次理論

　　討論到這裡，我們有必要對馬斯洛的需要層次理論做一個比較有系統的敘述。請看下面這個需要層次架構表，然後進入討論。

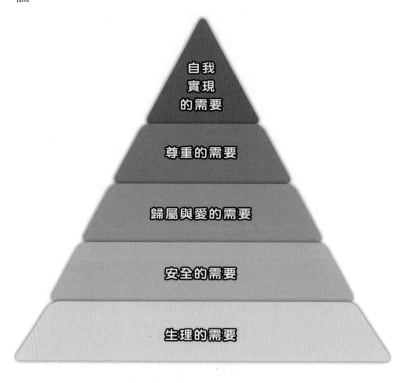

一、生理的需要

生理需要(Physiological Need)。馬斯洛認為，人的需要中最基本、最強烈、最明顯就是對生存的需要。人們需要食物、飲料、住所、性交、睡眠和氧氣。一個缺少食物、自尊和愛的人會首先要求食物；只要這一需要還未得到滿足，他就會無視或掩蓋其他的需要。人將被生理需要所主宰，其人生觀也呈變化的趨勢。馬斯洛說：如果一個人極度飢餓，除了食物外，他對其他東西會毫無興趣。他夢見的是食物，記憶是食物，想到的是食物，他只對食物發生感情，只感覺到食物，而且也只需要食物。

馬斯洛認為，對這種人來說，似乎能確保他永遠不會餓肚子，那他就會感到絕對幸福，並且不再有任何其他奢望，生活本身的意義就是吃，其他諸如自由、愛、與人交往、哲學等都被視為無用的奢侈品，因為它們並不能當作食物來填飽肚子。馬斯洛說，我們可以根據人類需要列出一張生理需要的單子，但這可能沒多大意義。舉個例子說，我們可以證明有多少不同的感官快樂，如品嚐、嗅聞、撫摸等，這些都可以涵蓋在影響人類行為的生理需要中。另外，儘管生理需要比高級需要更容易分割和確定，但它們不應該被當作互不相關的孤立現象來對待。例如：一個自以為飢餓的人實際上很可能缺乏愛、安全感或其他的東西。反之，有些人試圖用吸菸或喝水等其他行為來克服飢餓。因此，所有的人類需要都是相互關聯的。

在馬斯洛看來，上述情況雖然是真實的，但卻不是普遍的。在恆常運行的和平社會中，經常處於危機狀態中的極度飢餓是罕

見的。當一個人說「我餓了」，他常常是在感受食慾而不是飢餓。對文明社會中的多數人來說，這些基本需要都已得到相當的滿足。要是食物很多，而一個人的肚子卻已飽了，那會發生什麼事呢？馬斯洛自己回答道：其他（較高一級的）需要就立刻出現了，而且主宰生物體的是它們，而不是生理上的飢餓。而當這些需要也得到了滿足，新的（更高一級的）需要就又會出現。以此類推。我們所說的人類基本需要組織在一個有相對優勢關係的等級體系中就是這個意思。馬斯洛堅決主張，人的一生實際上都處在不斷追求之中，他是一個不斷有所需要的動物，幾乎很少達到完全滿足的狀態。一個期望得到了滿足之後，另一個期望就立刻產生了。

生理需要也受到了心理學其他兩大學派的承認與重視。行為主義者認為，人只有生理的遺傳衝動。馬斯洛認為這一結論可能來源於一個事實，就是行為主義學派的大多數研究都是在老鼠身上做的，而老鼠除了生理動機外，顯然很少有別的什麼動機了。馬斯洛認為行為主義者關於生理需要對人的行為有強有力的影響的觀點是正確的，但這只限於生理需要沒得到滿足時。而馬斯洛指出，生理需要雖是基本的，卻不是人類惟一的需要。對人來說，較高層次的需要才是更重要的需要，才能給人們持久而真正的歡樂。

二、安全的需要

安全需要(Safety Need)。馬斯洛指出，如果生理需要相對充分地獲得了滿足，接著就會出現一種新的需要：安全需要。安全

需要的直接涵義是避免危險和生活有保障，引申的涵義包括職業的穩定、一定的儲蓄、社會的安定和國際的和平等。當這種需要未能得到相當滿足時，它就會對個體的行為起支配作用，使行為的目標統統指向安全。處於這種狀態下的人，可能僅僅為安全而活著。

由於在健康、正常的成人身上，安全需要一般都能得到滿足，所以觀察兒童或有心理疾病的成人就最有助於理解這種需要。兒童心理學家和教師發現，兒童需要一個可以預料的世界；兒童喜歡一致、公平及一定的規律，缺乏這些因素時，他就會變得焦慮不安。他喜歡的是一定限度內的自由，而不是放任自由。按照馬斯洛的觀點，這一點事實上對發展兒童的適應性是很有必要的。

不安的或有心理疾病的人，行動起來很像不安的兒童。馬斯洛說：這樣的人做起事來總好像大難就要臨頭似的，他總像在應付一件緊急事件，也好像總是在怕挨打屁股似地做事，不安的人對秩序與穩定有一種迫切需要，他盡量避免奇怪或不測之事。當然，健康者也尋求秩序和穩定，但這並不像對於心理疾病患者那樣是生死攸關的大事。

三、歸屬與愛的需要

歸屬與愛的需要(Belongingness and love Need)。當一個人的生理需要與安全需要都得到了滿足之後，愛、感情和歸屬的需要就會產生，並且作為新的中心，重複著前面描述的整個環節。處於這一需要階層的人，把友愛看得非常可貴，希望能擁有幸福美

滿的家庭，渴望得到社會與團體的認同、接受，並與同事建立良好和諧的人際關係。如果這一需要得不到滿足，個體就會產生強烈的孤獨感、異化感、疏離感。

馬斯洛說，有這種需要的人會開始追求與他人建立友情，例如在自己的團體裡求得一席之地，他會為達到這個目標不遺餘力，他會把這個看得重於一切，他甚至會忘了當初他飢腸轆轆時，曾把愛當作不切實際或不重要的東西。馬斯洛特別強調要將愛與性區別開來。他指出，性可以作為一種純粹的生理需要來研究，一般的性行為是由多方面決定的，它不僅出於性的需要，也出於其他需要，其中主要由愛和感情所決定。他說，愛的需要既包括給予別人愛，也包括接受別人的愛。

馬斯洛發現，心理學對愛的研究少得驚人。人們有理由指望那些嚴肅地討論家庭、婚姻、性生活的作者會把愛作為他們這個任務的一個適當的、甚至基本的部分。在許多圖書館裡有關這些主題的書中，竟沒有一本嚴肅地談到過這個問題，更有甚者，愛這個詞，根本就沒有被編入索引之中。馬斯洛發現，缺乏愛就會抑制成長和潛力的發展。他說：愛的飢餓是一種缺乏症，就像缺乏鹽或缺少維他命一樣，而我們需要愛的證據與此完全是屬於同一類型的。

針對愛的需要，馬斯洛總結地說，愛是一種兩個人間健康的、親熱的關係，它包括了互相信賴。在這樣一種關係中，兩個人會拋棄恐懼，不再自我防備。當其中一方害怕他的弱點和短處會被發現時，愛常常就受到傷害了。我們必須懂得愛，我們必須能教會愛、創造愛、預測愛。否則，整個世界就會陷於敵意和猜

忌之中。

四、尊重的需要

　　尊重需要(Esteem Need)。當上述三方面的需要獲得滿足之後，尊重的需要就會產生並支配人的生活。它包括自尊、自重和來自他人的敬重，例如希望自己能夠勝任所擔負的工作並能有所成就，希望得到他人和社會的高度評價，獲得一定的名譽和成績等。

　　馬斯洛指出，自尊包括對獲得信心、能力、本領、成就、獨立和自由等的願望。來自他人的尊重包括威望、承認、接受、關心、地位、名譽和賞識。他認為，尊重需要的滿足將產生自信、有價值、有能力和天生我才必有用等等的感受。若這一需要受到挫折，就會產生自卑、弱小以及無能的感覺，並進而產生補償或精神症傾向。馬斯洛認為，最穩定和最健康的自尊是建立在適當地來自他人的尊敬之上，而不是建立在外在的名聲、聲望以及無謂的奉承之上。

五、自我實現的需要

　　自我實現的需要(Self-actualization Need)。馬斯洛指出，當上述所有需要都獲得滿足之後，動機的發展就會進入到最高階層自我實現的需要。關於自我實現的需要的內涵，它可以納入人對於自我發揮和完成的期望，也就是一種使它的潛力得以實現的傾向。這種傾向可以說成是一個人想要發現自我及實現人的全部潛能的期望。換句話說，一位畫家必須繪畫，一位作曲家必須作

曲，一位詩人必須寫詩，並且變成其自己認為一定要完成的事。

　　一個人能夠成為什麼，他就必須成為什麼，他必須忠於他自己的本性。這一需要就可以稱為自我實現的需要。他發現，當一個人對愛和尊重的需要得到合理滿足之後，自我實現的需要就出現了。當然，每個人滿足自我實現需要的方式是不大相同的，有的人可能想由此成為一位名醫，有的人可能想在科學界有所貢獻，還有的人可能想在藝術創造上有所表現。在這一需要層次上，個人間的差異是最大的。

　　馬斯洛晚年的時候對上述五個需要理論進行了部分調整，他認為當其他需要均已滿足，自我實現的需要並不一定已滿足，自我實現的需要並不一定會有所發展，對世界上的人普遍來說，自尊已經達到了個人發展的頂峰。

03
客服心理的應用

　　需要五層次是馬斯洛所稱的意念動機的需要，除此之外，他還討論了另外兩種類型的需要，即認知與理解的需要與審美的需要，這兩個項目正好被運用在客服心理學的實務操作上。因為前者的需要驅動顧客到消費場所，然而決定購買特定商品或服務的動力，來自認知與理解的需要與審美的需要，來幫助顧客採取最後的消費行動。請客服工作者回顧一下：有多少人因為消費意念與動機需要來到商場瀏覽商品，然而卻只有少數人決定消費？

一、認知和理解需要

　　關於認知和理解的需要，馬斯洛列舉了很多理由說明它是客觀存在的。它具體包括理解、系統化、組織、分析、尋找聯繫和意義、創立一個價值系統的期望等等。其中了解的期望優先於理解的期望。

1. 好奇心

　　關於認識和理解的期望，馬斯洛認為精神健康的一個特點就是好奇心。必須承認，還沒有足夠的科學臨床資料來證實這是一

種基本需要。馬斯洛列舉以下幾點理由來說明好奇心是一個全人類的特點：

1. 動物行為中常常表現出好奇心。

2. 歷史上的許多例子證明人即使危險關頭也會探求知識，伽利略與哥倫布就是這樣的人。

3. 對心理成熟者的研究顯示，他們嚮往神秘的、未知的、不可測的事物。

4. 馬斯洛的臨床經驗提供的例子顯示，健康的成人也會感到厭倦、壓抑，對生活失去興趣，並厭惡自己。這樣的症狀也會出現在有才智的人身上，如果他們做愚蠢的工作，過著愚蠢的生活的話。有許多人正值年輕力壯，卻無所事事，於是他們的智力就開始逐漸衰退。有些人接受了建議，使自己致力於一件值得努力的事情上，他們的病情就會減輕或消失。這就可以證明，求知的需要是存在的。

5. 好奇心的滿足是主觀上的滿足；學習和發現未知的東西會帶來滿足和幸福。

2. 意念動機

馬斯洛特別強調，沒有必要在意念動機需要與認知需要之間採取絕對的二分法。了解和理解的期望本身就是意念動機，並且如同基本需要一樣，也屬於人格需要。另外，認知需要與意念動機需要之間是互相關聯而不是截然分離的，它們是彼此協調而不是互相對立的。獲取知識，在某種程度上也是在世界上獲取基本安全的方法。或者對於智者來說，是自我實現的表達方式。探究

和表達自由也可看作是滿足基本需要的前提。

　　總之，探求知識、探求未知的世界以及對了無新意的事情表示厭煩都與好奇心有關連。因此，客服工作者能夠從此項消費者心理狀態中加以善用。

二、審美的需要

　　許多行為學家認為，對秩序、系統和穩定的追求是一種強迫性的形式。馬斯洛認為這一點雖然是正確的，但是健康人身上也會有這種行為，只是不會為此而陷入無法擺脫的境地。反之，人的審美需要，包括對真善美的追求，則是志願性的。

1. 尋找意義

　　有人把審美需要這一過程稱為尋找意義，那麼我們就應該假設人有一種對理解、組織、分析事物、使事物系統化的期望包括：一種尋找諸事物之間的關係和意義的期望，一種建立價值體系的期望。

　　行為科學往往忽視人對美有本能需要的可能性。馬斯洛發現，對美的需要至少對有些人來說是很強烈的；他們厭惡醜惡。他早期對學生進行的一些研究證明，環境的美醜對他們是會產生影響的。而實驗證明，醜會使人變得遲鈍、愚笨。馬斯洛發現，從最嚴格的生物學意義上說；人需要美正如人的飲食需要鈣一樣，美有助於人變得更健康。

2. 對美的需要

　　馬斯洛指出對美的需要與人的自我形象有關。那些沒有因為

美的作用而變得更健康的人，是因為受到了自我形象太差的限制。一個邋遢的人在一家一塵不染的豪華飯店裡會感到很不自在，因為他覺得自己配不上。有一個病人的傷心故事，那個病人總是貶低自己，總覺得自己一點用處都沒有，甚至沒有必要再活下去。當他最後真的自殺的時候，他是在一堆垃圾上擊斃自己的。這就是一個認為自己不配享受美的人的情況。

真善美在文化中的普通人身上只是勉強地互相聯繫在一起，而在心理病患者身上則情況更糟。只有在進化的、成熟的、自我實現的和充分發揮作用的人身上，它們才緊密地聯繫在一起，在所有實際活動中，它們可以說是溶為一體的。

馬斯洛還發現健康的孩子幾乎普遍有著對美的需要。他認為審美需要的衝動在每種文化、每個時代裡都會出現，這種現象甚至可以追溯到原始的穴居人時代，至於對現代人，特別是現代消費者而言，針對顧客對美的需求，提供更有效的服務。

個案討論：
飯店服務

　　在結束出差，回舊金山的路上，邁克爾決定在一家小飯店過夜，欣賞海景。當他來到飯店接待處時，一位穿著端莊的女士迅速迎上前歡迎他光顧飯店。問候致意後不到3分鐘，行李員已將邁克爾帶到了他的房間。邁克爾打量著他的房間，地上鋪著地毯，床上是雪白的天然棉絨床墊和被單，天然雪松木製的牆壁，石頭做的壁爐。壁爐裡有橡木段、捲紙和火柴，可以用來生火取暖。

　　在房間換好衣服後，邁克爾來到了餐廳。飯店接待員在他登記入住時，就給他在餐廳訂了位。邁克爾一到餐廳就被馬上帶領到了他的桌子前，即使有些沒有訂座的人還在等位子。當他回到房間時，枕頭已是就定位了，床罩被掀起了一角，壁爐裡的火正燃燒著。在床頭櫃上，放著一杯白蘭地和一張卡片，上面寫著：「歡迎您首次入住威尼斯飯店。希望您住得愉快。如有任何事情需要幫忙，不管白天還是晚上，請隨時給我打電話。凱西。」

　　第二天早晨醒來時，邁克爾聞到了咖啡的香味。他走進盥洗室，發現一個咖啡壺正在煮咖啡。咖啡壺旁放著一張卡片，上面寫著：「你喜歡的牌子的咖啡。好好享用吧！凱西。」邁克爾這

才明白為什麼第一天晚上在餐廳就餐時，侍應生要問他喜歡喝什麼牌子的咖啡。現在他愛喝的咖啡正在房間裡煮著。邁克爾聽見一聲禮貌的敲門聲，他打開門，看見門口放著當天的《紐約時報》。邁克爾在登記入住時，櫃檯服務人員曾問他喜歡看什麼報紙？現在他喜歡看的報紙已經送來了。邁克爾特別提到，每一次他再去那家飯店住宿時，那裡提供的服務始終如一地完美。唯一不同的是，第一次住過後，他就沒再被問自己的喜好了。

 討論

1. 為什麼這個案例是關係營銷的一個很好的例子？

2. 該案例與你在其他飯店的體驗有何不同？

3. 經由「詢問」邁克爾的個人喜好，該飯店管理層能夠將一個平常的問話巧妙地處理成一個對邁克爾來說非常個性化的體驗。在個性化服務方面，飯店還能做些什麼？（通過腦力激盪或其他方法想答案，注意想法要有創新。）

思考問題

1. 眼神交流的3I原則(three I's of eye contact)是什麼？
2. 試以實際例子說明眼神交流的3I原則。
3. 馬斯洛的需要層次理論包含哪些層次？
4. 決定購買特定商品或服務的動力，是哪二種需要所促成？
5. 請舉例說明：「審美的需要」在客服的應用。

Chapter 5
了解顧客的需要與滿足

Chapter 6

提供顧客適當的
消費訊息

01 訊息的意義

02 訊息心理學

03 大眾心理健康

根據本章主題「提供顧客適當的消費訊息」討論以下三個議題：一、訊息的意義；二、訊息心理學；三、大眾心理健康。並提供心理測驗：心理健康，及二項客服故事：修錶匠的故事，訊息的功效。

　　訊息，特別是有關消費的訊息，是客服工作者與顧客交流的有效工具與溝通的橋樑。這個訊息不限於直接有關於顧客要消費的商品的特性、價格或功能，也包括當時的時事新聞、大眾關心的事物，甚至當時的情境與感受等等，都可成為訊息交換的重點話題。因此，適當的訊息話題是打開客服工作者為顧客「開啟消費世界之窗」、幫助顧客看到他們所需要的商品或服務。請記住，話題僅是消費訊息的「開場白」而已，要在適當的時機進入消費主題，此類溝通技巧值得用心學習。

01

訊息的意義

　　理想的客服工作者也是一位「助人者」，以自己做為橋樑，幫助顧客越過消費障礙，並鼓勵顧客為自己製造「消費」橋樑。例如有一位消費者不敢到商場購物消費，是因為他無法克服在某商場被羞辱的往事，這叫做廣場恐懼症，而像他曾經有不愉快的經歷，會有這種情況是常見的現象。客服工作者可以提供訊息，讓消費者知道他的狀況以及可能的處理方法，以協助他適應這樣的情形，讓消費者安心，重新回到他需要的消費場所。

一、何謂訊息

　　訊息可以定義為提供特定資料、事實、資源、回答問題、或是提供個案意見等等。而在顧問服務的初始探索階段，會呈現一種可以幫助顧客歷程的訊息。在行動階段，客服工作者可以使用幫助顧客歷程的相關資料，來解釋此一階段的意圖及目標，例如，「我們來看看過去對這問題我們做了些什麼，想想看有沒有其他不同的作法，再來選擇你要做些什麼，試試看你的決定，然後衡量一下你對這選擇的感覺如何？」

　　訊息時代的到來給人類社會帶來了文明、進步、創新和開放

的時代潮流，人們在行為方式、思維方式、道德觀念、價值取向等方面將產生重大的轉變。也就是說，訊息社會裡各種訊息或訊息的媒介物將對人們的思維、感覺、行為等心態結構以及社會生活產生巨大的影響。未來社會將是訊息的社會，是人們生活的重要因素。那麼，以此而發展起來的訊息心理學所涵蓋的內容就是你打開世界之窗的鑰匙。

現在，知識經濟、網路經濟、網路文化等名詞，幾乎已成了人們生活的一部分，並且數位化早就成為主要的生產方式和生活方式。人類已經用自己創造的技術建構了一種新的文化：網路文化。當這種文化以新的方式影響我們的心理層面時，人們必須要對訊息的關係做一個深層次的剖析與理解，才可以適應全新的、開放的文化環境。

二、情報與心理

訊息從心理的觀點來看，是一種「情報」，是一種具有說服性與擴散性效果的消息。訊息一詞本身含有很大的彈性解釋，它幾乎無所不包。例如：脫氧核醣核酸(DNA)分子轉移細胞遺傳密碼的過程，在醫學上也被稱之為訊息；電視廣告也在向你提供訊息；而種種具有意義的文字、影像、聲響（例如：提供視覺障礙者行走的聲音輔助裝置），包括用紙張寫下的隻字片語等等，都是訊息。

訊息心理涵蓋的內容非常廣泛，而人們的認識活動，例如：感覺、知覺、記憶、想像、思維等心理活動，及人們的情感、意志、個性、能力等方面，無一不與我們的訊息時代互相聯繫。在

倡導多元化發展、終身教育、知識經濟的時代裡，一個人心理活動的特點，往往就決定了他接受訊息與學習知識的能力。訊息心理學在這些領域的研究，包含人的心理發展規律、特點與訊息社會、訊息技術的和諧發展。

以電腦網路技術為主體的訊息時代，對能力的要求又以擴展人的感覺、神經系統和思維能力方面為主，也就是說訊息技術的出現，完全可以透過其功能的發揮來提高人的思維能力和處理訊息的能力。電腦網路技術研發的重大課題就是開發和應用智能技術，而訊息心理學也將針對人類智能技術的發展，提供更多的對策性研究。

Chapter 6
提供顧客適當的消費訊息

客服故事：
修錶匠的故事

　　小王經營一家規模很小的修錶店，店面不超過3.5坪。小王是個工作踏實的修錶專家，他的收費也很公道。有一天，兩位顧客先後擠進了他的小店內，也都彎著腰，靠在工作台上，並且頻頻往工作室看，這時小王在聚精會神地調校第一位顧客的手錶，另一位顧客站在離小王不過1.5公尺的地方，但是他站了幾分鐘，小王並未理會他。這位顧客感覺很不自在，就在他準備離去的時候，小王修好了第一位顧客的手錶，才向他說：「不好意思，讓您久等了！」

　　小王要不是及時完成了手中的工作，就差一點失去了一位有價值的顧客，僅僅因為他沒有與顧客進行眼神交流，沒有及時向顧客打招呼。你覺得小王在第二位顧客走進他的修錶店時，本來應該做些什麼？這個故事又如何說明了小動作的重要性？

02
訊息心理學

　　既然訊息在客服工作上如此重要，我們需要對它所扮演的角色進行討論。訊息心理學研究的主要功能有內容有下列四個項目：

一、訊息的心理意義

　　訊息的心理意義是指：探討訊息接受者心理，摸索接受者接受訊息，學習訊息的心理反應與特點，認識訊息傳遞的客觀規律。由於目前訊息傳播的內容方式無所不包，人們在接受訊息時對什麼樣的訊息感興趣？什麼樣的訊息能使人們產生強烈的心理反應？

　　心理學研究證實：一個人易於感受他所希望感受的東西，包括訊息，而所希望的條件愈高而達不到，就更容易使人們放棄。所以在數位化的時代裡，人的能力的提高與訊息質量的保證是需要關注的問題。換言之，對顧客提供消費訊息要避免過於複雜。

二、訊息的特點

　　創造訊息時代的主體是人，人也是訊息時代的主導因素，但

是並非所有的人都具備開發和利用訊息環境的能力。一方面是部分人憑藉自己的能力可以將大量訊息轉化為自己的知識，加速知識的累積，不斷提高自己的智力水準。而一部分不具備這些能力的人，他們接受的訊息大部分是被利用於生活服務、娛樂和一般的訊息，而沒有將訊息真正當作智力發展的資源。訊息時代最根本的內涵就在於使人類的心智能力得以有效率的應用。

訊息技術的發展迅速，與電腦網路可以大量並且快速傳播訊息，同時也造成新的社會不平等現象。除此之外，在網路上人與人之間的訊息系統在興趣、態度、意志、情感等方面也表現出許多新的心理現象，例如網路交友，網路購物，甚至網路犯罪等，這些都是訊息心理學所要探討的重大課題。

三、訊息的大眾化

訊息的大眾化是指把網路訊息放在社會群體心理的大背景下加以研究，建構良好的訊息社會大眾心理模式。訊息時代的發展，一定會改變人們固有的社會交往、學習、消費等傳統模式，這在心理層面會促使為興趣愛好的擴充與遷移、人際交往的轉變，以及閒暇時間的娛樂活動的豐富等多方面。如何在社會生活方式變遷的背景下，適應新的社會心理模式，是未來訊息心理學領域的首要研究方向。

隨著電腦與訊息科技的發展，工作行動化是一個趨勢，這對於緩解交通擁擠、節約能源、提高工作效率具有積極作用。另外訊息技術的發展使社會更加開放，傳統的文化與文明也隨之改變，知識更新的速度加快，這對於人們固有的心態結構也許是一

種挑戰，但它所帶來的社會效益是十分可觀的。訊息技術是智能的技術，在這一技術的開拓下形成的文化，必然是知識的文化、智能的文化，也是這個時代的社會文化特徵。訊息技術的運用已經迅速地普及，透過對各種訊息的理解、操作、感受，實際上也在向人們推廣新的文化內涵：規範、創新、公平、協力、寬容。

訊息技術已日益被社會大眾認可與運用，尤其是電腦網路通信技術已成為人類生活的重要組成部分，深刻地影響著人們的思維和行為方式。而現況是：訊息技術的普及已逐漸形成一種絕對需要與絕對存在的現象。人類不僅在物質上有各種各樣的需要，在精神上也同樣如此，訊息技術向人們提供豐富的訊息來源的同時，也滿足了人們不同層次的需要。目前網路已經能夠給人們提供各種訊息，人們之間的聯繫也經由網路提供方便和快捷的方式，隨時與網路另一端的人聊天或談生意，不論他是遠在外國，還是坐在你面前。

四、訊息的教育功能

除了訊息大眾化之外，訊息技術也在教育上也形成了一場革命，因為透過網路你類似擁有一座圖書館，也可以隨時向別人請教問題，電腦網路技術已開創了一個新的教育與學習的時代。憑藉網路訊息技術，人類豐富的文化遺產和新科技與新知識，得以在全世界每一個角落交流，而這種交流更直接的將歷史、文學、哲學、宗教、藝術等領域進行全方位的傳播。例如：你要蒐集論文的資料，透過網路，不僅可以找到自己學校或社區的資料，全世界只要有連上網路的資料訊息就好像在你的手邊一般。

另外，電腦網路系統都以多媒體的方式儲存和處理訊息，比起以往用單純文字配合圖片的資訊呈現方式，使得教材更為平易近人。更重要的是由於電腦具有對語言翻譯和文字識別、認識和處理的強大功能，在網路上學習的知識更利於記憶、也更利於人們思考和創新。網路訊息的這些優勢，對於教育的推廣來講，更是無與倫比。

心理測驗：
心理健康

請對下列各題作出「是」或「否」的回答。

【 】1.每當被問或提問時，會緊張得出汗。

【 】2.看見不熟悉的人會手足無措。

【 】3.心裡緊張時，頭腦會不清醒。

【 】4.常因處境艱難而沮喪氣餒。

【 】5.身體經常會發抖。

【 】6.會因突然的聲響而跳起來、全身發抖。

【 】7.別人做錯了事，自己也會感到不安。

【 】8.經常做惡夢。

【 】9.經常有恐怖的景象浮現在眼前。

【 】10.經常會發生膽怯和害怕。

【 】11.常常會突然間冒冷汗。

【 】12.常常稍不如意就會怒氣衝衝。

【 】13.當被別人批評時就會暴跳如雷。

【 】14.別人請求幫助時，會感到不耐煩。

【 】15.做任何事都隨隨便便，沒有條理。

【 】16.脾氣表現暴躁焦急。

【 】17.一點也不能寬容他人，甚至對自己的朋友也是這樣。

【 】18.被別人認為是個喜歡挑剔的人。

【 】19.總是會被別人誤解。

【 】20.常常猶豫不決，下不了決心。

【 】21.經常把別人交辦的事搞錯。

【 】22.會因不愉快的事纏身，一直憂鬱，解脫不開。

【 】23.有些奇怪的念頭老是浮現腦海，自己雖知無聊，卻又無
法擺脫。

【 】24.儘管四周的人在快樂地取鬧，自己卻覺孤獨。

【 】25.常常自言自語或獨自在笑。

【 】26.總覺得父母或朋友對自己缺少愛。

【 】27.情緒極其不穩定，很善變。

【 】28.常有生不如死的想法或感覺。

【 】29.半夜裡經常聽到聲響難以入睡。

【 】30.是一個感情很容易衝動的人。

評分規則

每題回答「是」記1分，回答「否」記0分。各題得分相加，
統計總分。

你的總分＿＿＿＿

結果說明

0~5分： 可以算是一般正常的人。

6~15分： 說明你的精神有些疲倦了，最好能合理安排學習，調整生活形態，讓精神得到鬆弛。

16~30分： 你的心理極其不健康，有必要請精神醫生或心理治療專家給予指導或診治，相信你會很快從煩惱不安中走出來的。

諮詢建議

你也許對「心理健康」這個名詞感到生疏或只是曾經聽說過。人們在日常生活中，經常談論和使用「身體健康」這個詞語，而很少說「心理健康」；長久以來，人們只注意到生理的健康問題，而忽視了心理上同樣也存在著健康問題。比如說，在日常生活裡，許多人都體驗過，在工作、家庭、人際交往等方面的許多心理問題，這些問題如果處理不當，就會造成人們心理矛盾、情緒緊張、憂愁苦悶等等。如果人們對這些來自身體內部與外部的刺激適應能力很差，那麼，這些刺激便會成為惡性刺激，損害身心健康，並可導致心理上的失常，甚至會引起心理疾病。

其實，人的健康應包括身體健康和心理健康。聯合國衛生組織(WHO)把健康定義為：健康，不但是沒有身體缺陷和疾病，還要有完整的生理、心理狀態和社會適應能力。因為人是生理與心理的結合，身與心的健康是相互影響，交互作用的。你知道嗎？人的心理在接受來自身體、內部和外部世界的種種刺激後，

會發生微妙的變化。這猶如天氣一樣，有陰有晴，有風也有雨；有時雷雨大作，有時風雨交加，這是十分正常的現象。如果一個人的心理狀態有如一潭死水，一點也不波動，反倒是不正常，但是強烈或快速的心理活動又會給人帶來明顯的影響。在我們認識的人之中：某個人能正常地工作、生活和娛樂，在感到身體不適後去看病，被檢查出了癌症，在診治過程中，身體急劇敗壞，之後很快就衰竭，不久就死去。這是由於心理恐懼、過度憂鬱和對癌症過分誇大其辭的宣傳所造成的。心理上的自絕，產生全身性生理紊亂，降低了對疾病的抵抗力，加速病情惡化的過程。

由此可見，不正常的心理狀態，對人的健康和疾病都會產生不利作用，並造成嚴重的後果。因此，我們應該了解什麼是對健康有利的心理狀態，什麼是對健康不利的心理狀態。我們要保持良好的心理狀態，才能在工作和生活中健康順利地成長。

03
大眾心理健康

現代訊息大量應用在商業活動之外，其最大作用是在於維護大眾的資訊獲得。例如，許多有礙健康的產品或商業騙局很容易利用網路訊息傳播，但也因為是網路傳播的關係，這些錯誤以及有犯罪嫌疑的網路訊息，也很容易被拆穿及被淘汰。消費訊息時代的本質精神就是擁有科學與知識，在這個前提下，目前大眾文化的核心顯然也就是知識與科學，整體社會才能有更長遠的發展。

一、網路文化

我們首先應擁有一個好的網路文化，才能促進大眾心理的健康發展。網路訊息與知識經濟所帶來的深層變革，而這種深層變革對人類而言是否是健康的、具有建設性的？問題的關鍵就在於我們是否擁有正確運用網路的能力，並遵守具有普世價值的道德標準；人類在面對大量訊息時，只有健康的文化環境，才能形成良好的個性心理品質。

網路技術的使用，使人們的感覺、知覺、記憶、思維、人際交往等得以最大延伸，同時也在訊息共享的過程中，使價值觀有

更理想的發展。人與人之間的空間距離似乎已不存在,我們可以超越地理和文化隔閡與他人交往,這不僅改變了人們的交往模式,也改變了人們的心理世界。在這種全新而開放的文化模式中,凡是參與網路訊息技術的人,都能在接觸各種文化的過程中,不斷拓寬個人的知識與能力結構。然而更重要的是:每個人在這個過程中都可以透過知識獲得的路徑,而發展自己的能力知識中最優越的部分。

人類社會從十六世紀起,有識之士就已大聲疾呼人道主義、人文精神、人本主義的偉大思想,但其最本質的追求不外乎人與人之間的平等、人性的解放、創造能力的發展。但在訊息時代,這些偉大思想卻得到很好的解決之道,每一個人都是自我的主宰,都有充分享受資訊自由的權利。在網路世界裡,獲得資訊的公平性是很普遍的,並不會因為身份地位的不同,而取得不相同的訊息;兒童與成人間的界限,也能因為一條網路線而不存在。而處於資訊時代的客服工作者一定要滿足顧客的知識性與自主性。

二、知識的開放

網路文化的最終目的是促進知識的開放,當然也包括消費知識的開放。傳統的知識傳播主要依賴學校教育,人們的訊息接受方式在以前都是被動接受的,例如:廣播、電視、報紙等。現在透過網路,時時刻刻都可以向全世界揭露大量訊息,每一個人都可以自由、主動地搜尋、彙整自己想要的訊息。文化發展的整合在今天以更短的時間、更快的速度,每天都在以不同的方式影響

人們的文化心理。人們每天在網路上學習、娛樂、購物的同時，也在創造一個網路世界一體的文化，或許在網路訊息的影響下，人們的大眾群體心理會以未經協調的姿態展現於世界。

美國未來學專家托夫勒(Alvin Toffler)在其著作《第三波》(*The Third Wave*)中曾指出：未來的社會是以訊息工業為主導，以訊息價值生產為中心，訊息成為比資本更重要的戰略資本的社會。它的主要標誌是社會活動、經濟活動的通訊化、電腦化和自動控制化。整個社會透過巨大的訊息網路實現工廠自動化、農業自動化、辦公室自動化和家庭自動化。訊息取代資本、勞動力，在經濟發展方面具有關鍵作用。這曾是以西方為主的學者探討人類社會發展所作的一種預測，然而令人嘆服的是在短短數十年當中：1980年代電腦網路技術的興起，1990年代網路訊息技術在各領域的廣泛使用，就將人類文明的帶入了訊息時代。訊息技術已從簡單的通訊和計算，廣泛地滲透到社會、經濟和生活的各個層面，成為新興、多用途的一項產業。

三、網路與客服

訊息技術的發展，為人類認識世界和改造世界提供了前所未有的便捷方式，人們可以隨意透過各種方式直接進入社會的訊息網路之中盡情地享用自己所需的知識和訊息。而客服人員更需充分利用網路與訊息技術，提供客戶更為便利與週到的各項服務。如果親切自然的人員服務，能夠配合資訊網路技術，必定能提升客服人員的服務品質。

訊息時代帶給我們一個嶄新的學習方式，也將促進我們心靈

的成長，因為透過網路訊息的力量，我們可以從中發掘人性，所以它對於我們了解自我很有幫助。訊息心理學所研究的領域或許還會有很多未知因素，但渴求知識也是人性的一部分，這門學科的發展在未來的社會裡必然也將成為主導性的學科，因為人類無止境追求新事物、新變化的獨特能力，就是人類在各方面能夠有長遠發展的基本因素。既然訊息時代賦予消費大眾一個學習的人生，客服工作者也該在現代訊息世界裡與工作一起成長。

客服故事：
訊息的功效

　　這是一家汽車經銷商如何運用訊息帶給顧客的驚喜故事。幾年前，湯馬斯購買了一輛歐歌(Acura)汽車，購車時他得到了增值訊息(A-plus information)，也就是經銷商在訊息提供方面超越了顧客的預期。有過幾十輛汽車購車經驗的湯馬斯當時認為，銷售員肯定會告訴他去自行閱讀工具箱中的車主手冊，以了解該車各種配件的使用和性能。但是，出乎意料的是，那位汽車銷售代表花了大約20分鐘的時間，為他解釋汽車每一項性能的操作和使用：在哪裡檢查機油和加機油；千斤頂、備用胎和工具箱存放何處及如何使用；如何保護汽車塗漆。隨後，銷售代表把收音機設定為湯馬斯最喜歡的電台。總而言之，那位銷售代表為湯馬斯提供了使用新車所需的詳細訊息，而且那位銷售代表親自操作給湯馬斯看，這遠遠超過了湯馬斯和以前任何一家汽車經銷商打交道的體驗。

　　另外一個有關增值訊息的體驗發生在幾年前，當時一位少年做了膝蓋手術。手術後，他經人指點去找一位物理治療師諮詢。這位男孩的父母估計物理治療師就是告訴孩子如何進行膝蓋練習，以幫助術後恢復。物理治療師的確是這麼做的，不過她也做

出了一些超乎病人家屬預期的感人舉動，她把每一個膝蓋練習的圖片都複印了下來，並將男孩的名字用大大的紅色字體寫在那些紙上。她還教會男孩每一個練習的動作，並把自己家庭電話號碼給了他，鼓勵他有任何問題都可以打電話給她。她甚至在次日就打電話問男孩的復健做得怎麼樣。看起來是小事情吧，但就是這些小事情超越了病人父母的預期，創造了一個完美體驗。

網路銷售商都在學習了解增值訊息的重要性。有一個例子，一位顧客最近從網路上訂購了某樣產品，由於網路銷售商在與顧客進行訊息溝通上做得不好而最終導致客戶不滿。顧客訂購後，銷售商發送訊息告訴顧客他所購貨品將在三或四天內發貨，但是，貨品並沒有如期送達。當顧客詢問什麼時候可以到貨時，銷售商再次告訴了他不準確的訊息，而承諾的到貨日期再一次未能兌現。幾天後，顧客發現他花了幾百美元購買的產品放在門外的階梯上，就那樣一直放在門外被雨淋了一夜。而所有的原因就是因為銷售商未能向顧客提供準確及時到貨的訊息。

還有一個類似的例子，另外一家網路銷售商也在訊息提供方面做得很不確實，給顧客帶來了不愉快的購物經驗。該銷售商在網站上大肆宣傳能為顧客提供次日送達且無額外收費的送貨服務，但是實際上，客戶星期一訂購的貨品到了星期五也沒有送到。這位顧客發給銷售商的詢問郵件也未得到即時的回覆。最後顧客直接致電銷售商，而被告知訂單的部分貨品已經發貨，而尚未出貨的部分商品將在兩天內發貨。一天後，顧客收到了一封來自銷售商的郵件，郵件內容如下，郵件抬頭赫然寫著親愛的尊貴的顧客（原郵件就是這樣寫的）。

您的訂單#W03690775中的以下貨品訊息已經更新，目前處理情況如下：

SKU # IN- 2027——正在處理；
SKU # TQ-1010——已發貨；
SKU # VS-1135——已發貨；
SKU # UE-1003——已發貨。

這樣做有什麼意義呢？這封使用了內部代碼的郵件對顧客來說毫無意義。顧客們不會知道SKU代碼所代表的產品是什麼東西，而「正在處理」的進展情況報告也是不知所云。提供有用的訊息滿足顧客的需求，對這家銷售商來說顯然就是一個陌生的概念。就此而言，清晰準確地溝通也似乎成了一個被忽視的事情。

思考問題

1. 在您的生活當中，有哪些管道是您接收訊息的主要方式？
2. 訊息的心理意義是指什麼？
3. 網際網路在學習過程帶給您什麼方便之處？

Chapter 7

善用顧客的愛美心理

01　　美感的心理

02　　在生活中的美

03　　美的心理應用

愛美之心，人皆有之。然而，美，是一種綜合的感覺，究竟有什麼特點，或是什麼原因誘導美感產生？一首優美悠揚的歌曲，一部感人的小說，一幅令人激賞的圖畫，一套亮麗的服裝，甚至一桌美食等等，都給我們帶來美的享受。同樣，我們沉醉於清新的自然景致或者瀏覽特定建築物的時候，一種美感油然而生，並且使自己永難忘懷。美並不是單獨存在，通常與真及善並列，這是人的基本價值觀的三個層面。真善美在時間序列上存在先後順序：真先於善，善先於美，換言之，美是基本價值觀的總結，其對立面分別是假、惡與醜。

以下有一則故事與讀者分享：抬起頭來真美。珍妮是個愛低著頭的小女孩，她一直覺得自己長得不夠漂亮。有一天，她到飾品店去買了一只綠色蝴蝶結，店主不斷讚美她戴上蝴蝶結很漂亮，珍妮雖然不相信，但是心中卻是很高興，就自然地抬起了頭，想要讓大家看看，撞到人都沒在意。珍妮走進教室，遇上她的老師，「珍妮，你抬起頭來真美！」老師愛撫地拍拍她的肩說。

那一天，她得到了許多人的讚美。她想一定是新蝴蝶結的關係，可是往鏡子一照，頭上根本就沒有蝴蝶結，一定是走出飾品店時與人碰撞時，弄丟了。其實，無論是貧窮還是富有，無論是美若天仙，還是相貌平平，只要你抬起頭來，快樂會使你變得可愛，人人都喜歡的那種可愛。自信原本就是一種美麗，而很多人卻因為太在意外表而失去很多快樂。

愛美是人的本性，美，包括內在美與外在美，也是上天給人類的一種特殊本錢，有的人使自己的美釋放出了巨大的生命能

量，有的人則使擁有的美與財富悄悄流失了。要如何利用美的特殊性，這對客服工作者來說，具有相當的挑戰性。雖然不是每個人的工作直接與美的商品有關，但是，根據心理學家馬斯洛的需要與滿足理論來看，從最底層的食衣住行往上層的需要進階，每一項人類的需要都指向最終的完美境界：自我實現。在這一段漫長的人生旅途以及一再重覆的「需要→滿足」過程中，但願客服工作者能夠認識這項挑戰，同時也能夠把握機會提供顧客完美的服務，取得雙贏的局面。

Chapter 7
善用顧客的愛美心理

01
美感的心理

　　哲學家黑格爾(Georg Wilhelm Friedrich Hegel)說：一個人要養成今天美好的工作習慣，明天它將會自動到來。則明天的美好力量也就隨即降臨。換言之，一個真正的美的心靈總是有所作為的，而且是實實在在的表現在你的工作與生活上。為了認識和把握隱秘對美的追求，美感心理學就應運而生。美感心理學，亦稱審美心理學，是一門主要研究人在美感過程中，心理運動規律的科學，它把人在欣賞美和創造美的時候產生的美感，作為心理科學研究的對象。它綜合美學、文藝學、心理學等方面的知識，系統性地對美感作心理分析。

一、美感與快感

　　所謂美感心理也就是美感態度、美感情感、美感認識等。凡是從欣賞的角度去對待事物的心理活動都可以叫做美感心理。人有低層次情感和高層次情感，美感屬於高層次情感。美感興起於本能的快感不同，美感是精神上的，快感是生理上的；美感是由於精神需要得到滿足而引起的，快感是由於物質需要得到滿足而引起的；快感的時間一般比較短，例如吃美食，吃飽了以後就不

感興趣了。美感的時間長，美的東西可以長時間引起人們的興趣；快感只是單純的生理反應，美感往往伴隨著其他精神活動，如思想、認識、想像等。

人們很早就注意到對美感心理的研究。古希臘哲學家柏拉圖(Plato)把美感和藝術活動說成是一種失去理智、神智不清醒的迷狂狀態。柏拉圖認為，人對於美的認識並不是來自現實世界，而是來自靈魂對於理念世界的美的回憶；就像鳥兒一樣，昂首向高處凝望，把腳下的一切置之度外，因此被人指為迷狂，這純然是唯心主義的美感心理。中國最早的一部美學專著《樂記》中，對音樂創作中的美感心理作了考察，肯定了音樂表現情感和使人愉悅的美感特點。所謂樂者，樂也，人情之所不能免也，這就是對音樂創作的美的感受的很好的說明。

十九世紀德國古典美學的奠基人康德(Immanuel Kant)，從哲學的高度對美感心理作了分析，進一步強調美感不涉及對客觀對象的認識，而只涉及主體的情感反應。因此對於美感的認定，只能是主觀的。他認為美感的意識活動不是對於客觀存在的美的認識所引起的，而只是憑藉對象的形式和人的心理功能，想像力和悟性的相適應引起快感和不快感，而人就是從這種主體的快感來斷定對象的美。十九世紀下半葉，在西方盛行研究美感心理學。美感心理學的創導者費希納(Fechner)認為，美感的欣賞不是對於一個對象的欣賞，而是對於一個自我的欣賞，即所謂一個自然風景就是一種心境。古希臘美學家亞里士多德(Aristotle)認為，人們之所以能從藝術作品獲得美感，是由於對作為美感對象的藝術作品的內容和形式的認識和感受所引起的。

Chapter 7
善用顧客的愛美心理

歐洲文藝復興時期著名的現實主義藝術家達文西(Leonardo da Vinci)強調美感的根源在於事物本身,美的欣賞是對客觀對象的認識。他說:欣賞——這是為了一種事物本身而愛好它,不為別的理由。愛好者受到所愛好對象的吸引,正如感官受到所感覺的對象的吸引,兩者結合,就變成一體。如果結合的雙方和諧一致,結果就會是喜悅、愉快和心滿意足。十九世紀唯物主義者費爾巴哈(Ludwig Andreas Feuerbach)從唯物主義的客觀的感覺論出發,認為美是不依賴美感主體的意識而客觀地存在著,但主體要感受和欣賞客觀對象的美,就必須具有一定的美感能力。他說;如果我的靈魂的美感力是壞的,我怎麼能感到一幅美的圖畫是美的呢?我自己雖然不是畫家,沒有親手產生出美的力量,我卻有美感的感覺、美感的理智,所以我才感到在我外面的美。

二、客服與美感

從心理學的觀點看,美是一種對生活的態度,是人們的想像力把美注入大自然與生活中,美感是和聽覺、視覺不可分離地結合在一起的,離開聽覺、視覺,是不能設想的。更進一步指出,人在美感中之所以產生愉快的感情,是因為人在美感對象中認識到或想起生活。

在這一點,要提醒客服工作者:對顧客來說,什麼商品最可愛?為什麼會喜歡?答案是生活。因為我們的所有歡樂,我們的所有幸福,我們的所有希望都只能跟生活相聯繫;凡是我們可以找到使人想起生活的一切,尤其是我們可以看到生命表現的一切生活需要,甚至一支筆,一頓早餐,都使我們感到滿足,把我們

引入一種歡樂的、充滿享受的精神境界，這種境界我們就叫做美感享受，這就是客服心理學的最高境界。

三、最大的美麗

　　智慧成就最大的「美麗」，讓我們來給美麗做道加減法。話說：這是上午的第二節課，老師的講述已停下來，同學們正進行課堂練習。就像平靜的湖面落下一顆石頭，突然的聲響，惹得滿教室的同學晃動起來。靠窗那排坐在最後的同學，弄碎了一面鏡子。有初冬的陽光從窗外照射進來，鋪灑在攤開著的課本的字裡行間。在教室的課桌間來回踱步，看長短不一的七排秀髮及秀髮下亮晶晶的112粒黑葡萄，捕捉窸窸窣窣的寫字聲所合成的音樂，男老師感覺到自己好像一位農民在田間小憩，擦汗的同時，聆聽著農田裡的聲音。

　　一個小女生心愛的小鏡子摔壞了。教室裡，用很小的聲音議論著：「耍酷呀！」「上課怎麼能照鏡子？」「活該受批評！」。「看老師怎麼辦？」老師沒有出聲，他靜靜地聽著同學的每一句話。這些女孩子，全都是十五六歲，作為高職旅遊科的新生，臉蛋身材口齒當初都是過精心挑選，甜甜的臉總帶著微笑，開了口也如一般小女生，三五分鐘是靜不下來的。男老師的心裡笑著，他知道她們在等講台上的反應。其實，開始上課後不久，老師就看見那位同學悄悄地拿出了鏡子。他看到她將鏡子壓在作業本下，寫幾個字就照一照。藉著陽光，一隻蝴蝶形的淡黃色的髮夾舞動在她的前額，花樣般的臉真是漂亮。男老師想提醒她，但一時沒有想好合適的話，現在經同學鼓催，他忽然有了一

種靈感。他微笑著先問了一個物理問題。

「請說說平面鏡的作用？」「有反射作用。」，全班56個同學幾乎異口同聲地回答：「是啊！」，老師說，「同學們，幾分鐘前，我們教室裡56位同學變成了57朵花，有一個同學藉鏡子反射出一朵。但是，鏡中的花是虛幻的，鏡片只能反射美麗，並不能增加美麗。要增加美麗或者讓美麗面對歲月風霜的一筆筆減數，還是保持總數不變，我們唯一的辦法是從另一方面給它再一筆筆添上加數。這加數是指：我們一次次做進步的努力，一次次為自己的目標不輕言放棄，或者，一次次向我們的周圍伸出自己的手⋯⋯而此刻，對坐在教室裡的你來說，幫助你增加美麗的是你桌上的書本，而不是鏡子！」

再也沒有任何聲音，一池吹皺的春水再度平靜。當天下午自習時，照鏡子的小女孩在日記中寫下了這麼一句話：「用積極的心態給美麗做道加法。留住美麗，並不在於我們的青春永駐，那是可望而不可及的，因為歲月風霜的無情；留住美麗，它在於我們不斷的在用知識給自己的美麗增添新的內涵。那麼，即使當有一天，我們的青春逝去，我們也會欣喜地發現，皺紋裡的智慧已經成就了我們最大的美麗！只要我們擁有一顆積極向上的心。」這則故事給「新進」客服工作者一個忠告：鏡片只能反射美麗，並不能增加美麗；給「資深」的工作者一個安慰：雖然不能留住美麗，但是智慧成就了最大的美麗！

02

在生活中的美

　　美感作為一種精神生活的過程，是一個比文化、道德等更遠離物質和經濟基礎的社會現象；美感素質作為一種國民素質，又是一個比文化、道德等素質更高、更綜合的文明進步的標的。美，幾乎是無處不在的，但並非人人都能充分感受到美。正如法國雕塑大師羅丹(Auguste Rodin)所說：「美是到處都有的，對於我們的眼睛不是缺少美，而是缺少發現。」除了生理、心理上的原因外，一個人對美的感受能力，可以說是決定著他對美的感受程度；同時，在某種意義上說，也決定著他的美感素質。可惜，面對當今的科技與網路時代，學校以升學考試科目為優先，缺少對美的教育，自然，也很少談到、想到或有意識地去創造美好的事物。對美的認識和理解，僅僅停留在花兒開得好香、臉蛋長的漂亮等諸如此類的程度上。

一、真摯之美

　　一談到美，人們一般聯想到的是包括繪畫、雕塑、音樂、舞蹈、電影、戲劇、文學作品、建築物、工藝品等的藝術美，自然及人工創造的景物美，服飾、食品、用品和居室之類的生活美等

等，難以感受或難以充分感受到周圍的另外一些美，譬如說人格之美，又如精神之美與道德之美。在現實生活中，也不乏有真摯之美的人；把方便讓給別人，把困難留給自己，就如2010年6月07日新聞報導。台東樹菊阿嬤行善的效應，在社會上慢慢的擴大，新竹有一位人稱「阿花姊」的李素花女士，認養150名貧童完成學業，默默行善的義舉，還感動了昔日幫派大哥，捐出6000斤白米，來幫助貧困家庭。一張又一張的照片，全是阿花姊行善的紀錄，不管是送錢到貧苦人家，還是到學校送上飯菜給孩童們吃。出身貧困環境的「阿花姊」李素花很感慨，因為家中貧困，李素花沒機會繼續唸書，現在有能力，發願幫助貧困的小孩，善行義舉，就連早已金盆洗手的昔日角頭大哥都受到感召，還用妻子的名義，捐贈6000斤白米。

電腦的高速運算，對複雜繁難問題的準確判斷，以及種種對未知狀態的仿真模擬，給人一種神奇之美。人造衛星在茫茫宇宙中，太空船在月球上登陸，以及不久預測小行星撞擊木星的時間準確到幾日幾時幾分，又給人一種準確之美。運用現代科技制造出各種堅硬、高度柔軟、耐高溫和具有記憶功能的材料，按人類的意願複製出各種植物品種，無不給人一種造化之美。愛因斯坦(Albert Einstein)對原子理論的評價是最高的音樂神韻，他後半生致力於探索統一場論，在他看來，如果能找到「電磁現象和重力理論整合在一起的理論」，那應該是最美的了。因此，有人認為愛因斯坦的方法學在本質上是美學的，直覺的。科學家們已普遍認為，人類的美感的感情因素，正在通過認識和改造自然的科學技術活動，深刻地影響著人類生活條件和環境的變化。科學美是

理性的美，只有具備一定科學素質的人才可以感受到這種美；只有充分感受到科學美的人，才會去迷戀科學，獻身科學，再創造出更加令人驚喜的科學美。

二、美的真諦

美，是人生的財富。許多人因為貌美而改變了自己的命運，但也有許多人因為貌美而破壞了自己的人生。其貌不揚的人往往為了保持自己的自尊和生活地位，努力從行為上追求美感，以獲得人生砝碼的平衡。雨果(Victor Hugo)名著《鐘樓怪人》(*Notre-Dame de Paris*)中的卡西莫多(Quasimodo)就是典型的例子。貌美的人則往往由於自己的貌美，從而放棄了對人生內涵的追求，滿足於輕而易得的膚淺的美感。上帝是公平的，我們並不是要把外表的美與內在的美分割開來，生活中也不乏內外統一的美。

我們追求的美，提倡的美，是真善美。因為，美包含著真與善——真乃科學之美，善乃道德之美；美，又是真與善的結合與昇華，它超脫了自然，達到人與自然、人與人，以及自我身心的高度和諧。同樣，只有能充分感受到各種美的人，才會去追求美、創造美；也只有他們，才能充分地去享受美，才能有希望達到人生的最高境界。客服工作就是期望在關鍵的時刻，協助顧客達成這方面的願望。

03
美的心理應用

　　對客服工作者而言，美的心理應用至為重要。在前面部分，我們提供了論述，現在則進行整合思考與實務演練。內容包括三個項目：心理故事，美感情趣，客服的引用。最後提供一則客服故事：發現美的眼睛。

一、心理故事

　　話說，一位傷心的父親帶著自認為是無可救藥的孩子去心理診所，孩子已經被他的父親嚴重灌輸了自己一無是處的觀念。對心理醫生的詢問，孩子總是一言不發，無論如何誘導，他就是不開口。一時之間，心理醫生無從下手。後來，從孩子父親的嘮叨中，心理醫生找到了醫治的線索。當時，他的父親在不停地說：「唉，這孩子一點長處也沒有，我看他是沒有指望了！」於是，心理醫生開始尋找孩子的長處，因為孩子不可能沒有任何長處。在和孩子父親的交談中，心理醫生了解到一個重要的情況，就是他家裡常常被孩子用刀亂劃，也因為如此，所以常常受到懲罰。心理醫生知道喜歡用刀雕刻是孩子的愛好，當然也是孩子的長處。

　　第二天，心理醫生買了一套雕刻工具送給他，還送他一塊上

等的木料，然後教給他正確的雕刻方法，並不斷地鼓勵他：「你是我所認識的孩子當中，最會雕刻的一位。你具有聰明的天賦，而且還熱情勤勞，將來一定會成為一位出色的藝術家。」當時，孩子的眼睛含著眼淚。從此以後，他們來往互動頻繁。這期間，心理醫生又找到孩子其他的一些優點，當然照例地給予適當的讚美。有一天，這個孩子竟然不用別人吩咐，主動打掃了房間，讓他的家人嚇了一大跳。

心理醫生問：「孩子，你今天表現得很好，你為什麼想要這樣做呢？」孩子回答說：「我想讓老師高興」。最終，在心理醫生的教導下，孩子變得健康、活潑開朗起來。他的父親也改變了對孩子的看法，改掉了咒罵「孩子無用」的毛病。10年後，那個孩子成了一位著名藝術家。寶石並非天生就是閃閃發光，它一定需要人們首先去發現蘊涵有寶石的礦石，然後進行耐心的細細的琢磨；而對於我們身邊的每一個人來說，他都是有自己優點的，只是很多時候我們沒有去關注，所以我們沒發現。寶石的發現需要一顆對寶石的美崇尚的心，而發現他人的優點也需要我們有一顆對他人優點賞識、對他人關注的心。讓我們去關心我們身邊的人，發現他們的優點，不要再吝嗇我們的讚賞，並且相信，總有一天，他們也會像寶石一樣耀眼的！

亞里士多德說；美是上帝的賜福。美是人生最高境界，也就是人生的真誠。如何使自己能夠發現美，創造美，要怎樣使自己具有一個良好的美感心理，那就要從培養美感情趣，提高美感觀察力和善於創造美著手，不斷塑造自我，完善自我。美感情趣是從一個人的整個美感活動中反映出來的。它不是對美感對象的理

論的判斷，而往往是帶有感情色彩的直接評價，在日常生活中常常表現為喜歡、不喜歡、比較喜歡、非常喜歡等形式。例如，我們常常看到在公園裡自發組織起來的唱歌團體，成員大多是一些老年人，他們對老歌有深刻的記憶，他們的美感情趣表現為對唱歌的嗜好。美感情趣是一個人的美感能力的綜合反映，例如：農民聽自己家鄉的地方戲會跟著哼唱得如醉如癡，而對於交響樂也許會缺乏熱情，一個詩人可能看到落日餘輝就可以落筆寫詩，而一個兒童對日出的陽光卻只覺得非常刺眼。

二、美感情趣

怎樣才能養成一個良好的美感情趣呢？這就要有高度發達的美感感知，要善於辨別美感對象的美感品格。比如，自然界的海洋，就常作為美感對象被欣賞、歌詠。同一內容的美感對象，由於存在形式的不同，具有了不同的美感品格。大海有時狂濤大作，兇猛狂暴，有時又平靜溫柔，含情脈脈。我們在欣賞美的活動中，對美的品格了解得越透徹，我們的美感情趣就越豐富、越健康。

我們生活在這個豐富多采多姿，有聲有色，有形有相的大千世界裡，美的事物比比皆是。在生機蓬勃的自然界，在熱鬧的社會生活中，在各種不同的藝術領域裡，在新奇各式各樣商展裡，無處不存在著美。然而，是否所有的人都能敏銳地發現美，深刻地感受美呢？有的人就善於發現美，不但能夠迅速地捕捉美，而且還能夠洞察到美的精細內容，而有的人卻反應遲鈍，目睹到美的事物時覺得司空見慣，平淡無奇，甚至視而未見，無動於衷。

其主要原因是由於各人的生活經驗、思想感情、藝術修養、興趣愛好、性格情緒等制約，但重要的因素就是美感觀察能力的不同，導致了美感感受的差別。

三、客服的引用

生活中存在著美，要想發現它，找到它，就必須具備一定的美感觀察力和感受力。從客服心理的觀點看，美感是一種精神需要，如果一個人沒有美感的欲望，也就無所謂去欣賞美，感受美，創造美。只有熱愛生活，熱愛美，渴望美的人，才會在心理上產生美感的欲求，以滿腔的熱情和濃厚的興趣去追求美，從生活中發現美並強烈地去感受美。

失去對美的認識和追求，人生將盲目紛亂，暗淡無光。美滲透在人們生活的各個方面，美就像日月伴隨著人類，讓生活變得更美好。哪裡有人的生活，哪裡就會有美的創造活動。勞動創造美，勞動是一種身體活動，有益於身體健康，人在活動中，能夠體驗到生活的歡樂，勞動中人類可以用美的尺度和規律改造世界。春夏秋冬伴隨著各樣的天氣變化，無不幻化出各種自然美景；山水田園，日出夕陽，都蘊含詩意；文物古跡，藝術珍品，是人類文明的瑰寶；崇高的品德，純樸的心靈，是人的內在美。

生活是多采多姿的，主要包括工作與休閒。人們對美的追求也是無止境的，對於生活中的美，除了自然的，藝術的之外，還有道德的、情感的美，心靈的美，這是最為重要的。因此，塑造自身完美，從外在美到內在美都達到和諧的境界，是使生活永遠充滿美的重要因素。

客服故事：
發現美的眼睛

　　一個對生活極度厭倦的絕望少女，她打算以投湖的方式自殺。在湖邊她遇到了一位正在寫生的畫家，正專心地畫著一幅畫。少女心生厭惡，她鄙薄地瞪了畫家一眼，心想：幼稚，那灰灰暗暗的山有什麼好畫的！那麼小的湖有什麼好畫的！畫家似乎注意到了少女的存在和情緒，他依然神情怡然自得地畫，過了一會兒，他說：「來看看畫吧！」

　　她走過去，傲慢地看著畫家和手裡的畫。少女愣住了，而把自殺的事忘得一乾二淨，她沒看過世界上會有這樣美麗的畫面——他將很小的湖面畫成了天上的宮殿，將灰灰暗暗的山畫成了長著翅膀的美麗女人，最後將這幅畫命名為《生活》。少女的身體在變輕，在飄浮，她感到自己就是那夢幻般的雲……，畫家突然揮筆在這幅美麗的畫上點了一些黑點。少女驚喜地說：星辰和花瓣！畫家滿意地笑了：「是啊，美麗的生活是需要我們自己用心發現的呀！」

　　世上缺少的不是美，而是發現美的眼睛！所以讓我們用心，用積極地心態去尋找生活的美麗，過著美麗的生活！換言之，許

多時候客服工作者的失敗，不是缺少顧客，而是缺乏發現美好顧客的眼睛。

Chapter 7
善用顧客的愛美心理

思考問題

1. 何謂美感心理學？
2. 說明美感與快感的不同之處。
3. 什麼智慧可以成就美麗？
4. 怎樣才能養成一個良好的美感情趣？
5. 舉例說明客服與美感的關係。

Chapter 8

有效的說服與誘導

01 說服的基礎

02 說服與誘導

03 給顧客增值資訊

本章是繼續第六章〈提供顧客適當的消費訊息〉，進一步討論如何有效的應用，以進行說服與誘導。討論的項目包括：說服的基礎，說服與誘導，給顧客增值資訊。最後附一則個案討論：旅行者的困惑。

01
說服的基礎

　　自從有了人類便有了訊息的傳遞，儘管最初的傳達方式是依靠手式、動作等姿態來完成。隨著人類語言的產生，訊息傳播的內容更加豐富，不僅是簡單的生存訊息，而且產生了思想訊息的交流，同時也引用到社會、政治以及商業上的活動。造紙術和印刷技術的發明，特別是廣播、電視等現代傳播媒體的出現，更是有計劃地傳遞某種訊息，施加某種影響的主題，進而引導或改變大眾觀念，成為影響人們思想和生活的一個重要工具。人們可以接受它，或者拒絕它，但卻不能迴避它。在這個前提下，客服工作者如何善用這項「不能迴避」的訊息傳遞優勢，讓客服工作得以進行更順利。

一、人的意識

　　訊息傳播的最終目的是要影響人的意識和行為，這是說服工作的第一項基礎。依靠最新通訊科技和網路技術，訊息傳播可以在最短時間達到最大空間的廣泛效應，滲入社會的每個人，收音機和電視節目中的新聞訊息、廣告，街頭散發的傳單，時刻在提醒人們，各式各樣訊息傳播無處不在。訊息傳播可以引導人們的

觀點、信念和態度照著某一途徑發展，或者改變人們對某一事物的心理反應。

　　意識是人對客觀世界的認識和反應，但這種反應絕不是像鏡子般的複製。人的意識在對現實世界認識的同時，也產生了對現實世界的態度。認識和態度是兩個不同的因素，它們之間存在著內在的相互作用。對事物的理解和態度的不同，導致人們行動方式的不同，這就是人們之所以這樣做而不那樣做的原因所在。態度是可以改變的，而且有一定規律性，這就使訊息傳播工作具有了可能性和有效性。因此，研究人們在受到訊息傳播時的心理活動規律，以及如何應用這些心理學規律，使訊息傳播效果最佳化，就是訊息傳播心理學要解決的問題。

二、訊息的傳遞

　　訊息的有效傳遞是說服工作的第二項基礎。訊息傳播的心理學是在二十世紀初形成一門學科，但在這之前，心理學就已經被人們普遍地在訊息傳播活動中加以運用。1930年代，美國在訊息傳播心理學研究方面取得了一定成果。1931年，拜德爾(William Wishart Biddle)最先把訊息傳播心理學(Propaganda Psychology)單獨作為專門學科；杜布(Leonard William Doob)編寫了第一本訊息傳播心理學教科書。第二次世界大戰期間，美國特別注意對訊息傳播效果的研究，戰爭結束後，一些著名的社會學家、心理學家利用戰爭中軍事訊息傳播的大量資料，對訊息傳播心理學現象進行了更深入細緻的科學分析，撰寫了訊息傳播心理學專門著作。後來，美國心理學家研究著重在：人的性別差異、性格差異、知

識程度差異對訊息傳播效果的影響。

在對人的態度的研究方面，美國學者認為，訊息傳播的任務就是鞏固和改變人們對某一事物的態度，稱為「心理定勢」。最早提出此概念的是德國心理學家繆勒(G.E.Muller)，他是在研究重量知覺時，發現這一現象：在一個人的左右手同時放上重量不同的球，左手上的球若是一直比右手上的那個重，接著在左手換一個比右手輕的球，這個人仍會覺得左手的球比右手的重，這就是定勢。有心理學家把定勢概念運用到心理學研究中，認為由一定心理活動所形成的心理準備狀態，決定了同類後繼心理活動的趨勢。

訊息傳播心理學是一門應用性的學科，它的研究對象是訊息傳播者 — 訊息傳播 — 被訊息傳播者的訊息傳播過程。訊息傳播者只是一個相對的概念，他可能是直接用語言與別人聯繫的人，也可能是利用現代媒體與別人聯繫的人，還可能是藉助於各種藝術形象給別人一定影響的人。訊息傳播的目的是引導人們的觀點、信念、態度以至行為，朝著訊息傳播者期待的方向發展。所以，對接收訊息者（即被訊息傳播者）個人的心理結構進行分析，了解接收訊息者心理特徵，是建立適應心理需要的訊息傳播模式、運用正確的訊息傳播方法及進行有效訊息傳播的前提條件。在訊息傳播中利用心理學成果是可能的，也是必要的，因為心理學給人們提供了關於人的心理結構的知識，這種知識使得人們能夠正確地採取適合這種心理結構的訊息傳播形式和方法。

Chapter 8
有效的說服與誘導

三、觀點和態度

影響顧客的觀點與態度則是說服工作的最終目的。在訊息傳播中利用各種心理手段時，並未改變心理機能，但卻形成了人對周圍社會的觀點和態度。同樣，藉助訊息傳播心理學手法，可以微調人們的觀點和態度。但是，心理學畢竟不能取代訊息傳播中的任何東西，它只是有助於正確地組織訊息傳播活動，增強訊息傳播效果。我們生活在一個被訊息傳播媒介廣泛影響的時代，每當我們翻開一本書、一份報紙，或是打開電視機、電腦與網路，總是在接受各種各樣的訊息傳播，或者是勸導人們贊成某些情勢的見解，或者說服人們購買產品。訊息傳播者進行訊息傳播，其目的是激勵人們的情感傾向及引發人們的思想轉變，從而影響或改變人們的行為方式。

1977年，美國上映了根據亞歷克斯・哈利(Alex Haley)同名小說改編的電視劇《根》(*Roots*)，它描寫了一個美國黑人家庭幾代人的歷史，這部電視劇博得了社會的廣泛重視和讚揚。因為它不僅激勵黑人為自己的血統而驕傲，而且促進了人們對黑人歷史的了解，引起人們思想和情感的強烈共鳴。當然，所有訊息傳播的影響並不一定都像《根》那樣顯赫，相反的，早期在台灣教科書宣傳的「吳鳳捨身取義」故事，政府大力宣傳反共情節的「南海血書」以及電視熱門新聞的「腳尾飯」等故事，後來被揭穿為杜撰的宣傳，如果接收訊息者發現宣導訊息是捏造的，產生受騙心理的反應，訊息傳播本身就變得毫無價值了。

02
說服與誘導

　　說服與誘導是客服工作的過程，它必須建立在有效的宣傳訊息基礎上。我們經常可以看到這樣一些情況：政府在報紙頭版長篇大論的置入性行銷的訊息傳播內容，讀者並不愛看，而對於排在不顯眼位置的一些簡訊和生活訊息卻很有興趣。電視黃金時段播出的國會新聞，觀眾收視率低，而那些貼近百姓生活的節目，像新聞調查、焦點訪談、今日說法、經濟生活等卻很受觀眾喜愛。這種現象說明，接收訊息者有接收訊息者的特殊心理，而且它不隨訊息傳播者的意志而轉移。那麼，接收訊息者的想法是什麼？

一、打動顧客的心

　　需要是接收訊息者最直接也是最重要的心理反應。接收訊息者的需要有很多種，客服工作者通常重視給予許多服務內容，而忽視需要服務的細緻內涵。因為人們因感覺不足引起一種焦慮不安的狀態，進而產生滿足之希望，是一種更迫切的需要；人們感到苦悶、壓抑而尋求解脫，這種需要比起追求享受的需要更是強烈的。此外，尚有另類的需求模式，就是所謂「苦中作樂」，這

些人則朝向與自己目前相反的處境轉移或轉向。

請讀者回顧一下，同樣是電視劇，由於需要不同，喜歡觀賞的戲劇類別也就不一樣。女性衷情於情感劇，往往藉助劇中人物的感情角色進行自我情感的宣洩；有些人熱愛喜劇，是想藉劇中的歡樂故事沖淡自己生活中的煩惱，尋求精神上的安慰。另一些人則偏愛富於生活哲理的劇情，為的是從中得到生活的啟發和指導。就是同一部電視劇，也會因個人主觀需要的不同而具有不同的理解。例如，在2010與2011年在台灣播出電視劇《娘家》與《父與子》，可以說家喻戶曉，有的人是被劇中人物善良的心靈、親情和愛情故事所感動，引起感情上的共鳴，有的人則是被戲劇所描述的那個時代人性的扭曲和人間悲劇所震撼，進而引發對那個特殊年代人性的反思。可見，接收訊息者的心理和行為，都是從需要出發的。

在此要提醒客服工作者，接收訊息者的「逆反心理」或「反抗心理」則是訊息傳播工作的大敵。逆反心理是人們對超過自身感官飽和與接受能力所產生的一種抵觸情緒和反向思考。訊息傳播中，接收訊息者由心理定勢所支配，對訊息傳播內容產生抵觸情緒，從訊息傳播的相反方向得出結論，對訊息傳播的觀點予以否定或反對。逆反心理的形成是因為接收訊息者的心理定勢與訊息傳播者的言行之間，產生了不可協調的對立態勢。例如，顧客在下雨天來買雨傘，銷售員卻強力推薦豪華太陽傘，或者顧客需要上下班用的代步汽車，汽車銷售員卻推薦休旅車，都是讓顧客產生逆反心理的重要因素。逆反心理不僅使訊息傳播毫無效果，而且可能背離訊息傳播者的初衷，進而產生相反的作用。

二、顧客從眾心理

　　雖然打動顧客的心是個別行為，但是在很大程度上是受到身邊的人或大眾流行的影響，這是所謂從眾心理。人具有個性，同時又具有社會性，這就往往造成人們生活中個性準則與群體準則的矛盾，從眾是接收訊息者中普遍存在的一種心理現象，多數人認為對或錯的東西，其他人往往會少數服從多數。根據這一心理，訊息傳播要注意掌握大多數人的心理，少數人就會隨著多數人的潮流。

　　此外，要注意：需要是自我保護的心理傾向，比如飢餓時對食物的需要。同時，需要也是自我發展的心理傾向。常言道：水往低處流，人往高處走。人的基本生活需要被滿足之後，會不斷產生新的、更高的需要，這些高層次的需要就成為人們行為的原動力。所以訊息傳播的內容要為接收訊息者所需要，才能產生較好的訊息傳播效果。人們在認識事物的同時，就已經對事物產生了某種傾向或態度。人們在接受訊息傳播的時候，對訊息傳播的觀點或事物的認識並不是沒有預設立場，多數情況下對這些觀點或事物已經有了自己比較固定的看法，這就是心理定勢。影響人的心理定勢，是訊息傳播活動的重要目的。心理定勢是由一定的心理活動形成的，對之後或下一個感知、思維、情感等心理活動或行為活動的準備狀態，就是影響心理或行為的前心理活動。用另一種方式來說，定勢就像物理現象中的慣性運動，使人不自覺地沿著一定的方向去感知事物、思考和解決問題。

三、強化心理定勢

在日常生活中，人們的心理定勢普遍存在，客服工作的任務是如何加強它的強度。口渴的人首先看到的是水，飢餓的人最想看到的是食物，或者人們常常根據姓名來判斷性別。或是人們去參觀一個高科技企業，參觀者對企業設備、環境的想像，一般在參觀之前就有了一個初步的形象。這種心理定勢並不具有必然性，但在生活中卻實實在在地發生作用。心理定勢具有潛在性、綜合性和堅定性的特點，它或使人朝向某些事物，贊成某些觀點，或相反地幫助人避開某些事物、否定某些觀點。一般情況下，雖然人們並不特別注意到這些現象，但是會在以後的某種活動中反應出來。

心理定勢一旦形成就不容易消失，不僅在人心理活動中占一定位置，而且一定會驅動和影響人的行為。如果人以某種定勢為基礎完成一種行為，那麼在類似的情境中就容易產生同一類型的定勢，因而也就比較容易和比較成功地實現相應的行為。可以說，心理定勢是一定經驗、知識的累積。經驗可以幫助一個人樹立自信，準確快速地找到解決問題的方法。根據心理定勢的這些特點，訊息傳播工作應當充分利用首因效應、暈輪效應、經驗效應、移情效應來提高訊息傳播效果。商業廣告是現代社會的一大特徵，商人絞盡腦汁在廣告訊息傳播上大作文章，用變幻無窮的畫面，誘人的廣告詞句，最受觀眾喜愛的明星來推薦自己的產品。亮麗耀眼的店面裝修，精美的產品包裝，這些訊息傳播確實在滿足人們審美、好奇等心理的同時，使商家獲得了直接的經濟

利益，廣告訊息傳播也就達到了最終的目的。

　　人們的某些定勢是在客觀環境中形成的。訊息傳播中，訊息傳播情境本身就具有一定的價值，這種價值能減弱或增強說服的效果。選擇激發人們高尚情感和提高自我價值感的訊息傳播情境，可以提高訊息傳播的效果。例如參觀名人紀念館，透過照片、影片或實物，確實感受名人奮鬥與傳奇的一生，使人們產生敬仰之情。在這種環境下，人們會受到潛移默化的傳播影響。

四、情緒體驗

　　除了打動顧客的心、從眾心理與心理定勢，情緒體驗更會影響訊息傳播效果，促成說服與誘導的效果。在訊息傳播影響下，人們會產生一種積極愉快或消極厭煩的情緒體驗。愉快的情緒會使人集中注意力接受或強化訊息傳播內容，相反地，消極的情緒會使人對訊息傳播思想產生否定或排斥態度，致使訊息傳播失敗。因此，訊息傳播思想的表達方式，在決定訊息傳播效果上具有重要作用。情感和理性對人的活動影響很大，訴諸於情感的語言比訴諸於理性的語言更容易被接受，更容易促發人們的行動。但是，在情緒衝動之下的行為往往缺乏長久性與穩固性，而理性又恰好可以幫助人們制止某些情緒衝動的行為，代之以更長久與穩定的行動。

　　因此，不能簡單論斷情感性訊息傳播與理性訊息傳播的優劣。訊息傳播性質究竟傾向於理性還是情感性，要視具體情況而定，例如對吸菸有害健康的訊息傳播，理性訊息傳播當然側重於對菸草所含有毒成份的數據分析、醫學專家對菸草危害人體健康

的醫學分析，以及吸菸引發肺、氣管疾病的病例分析。情感性訊息傳播可能是製作一幅畫，上面畫著一支正在燃燒的香菸和一個千瘡百孔的、黑色的肺。兩相比較，後一種訊息傳播可能更加引起人們心理上的恐懼，而產生極大的戒菸意願。這裡，情感訊息傳播比理性訊息傳播收到了更好的效果。但是，如果從長期效果來看，理性訊息傳播可能有更大優勢。這兩種訊息傳播形式取得成功的程度，要看在什麼時候衡量訊息傳播影響的效果。有時候，把兩種形式綜合運用，訊息傳播效果更佳。

以捐血宣導圖片為例，一位弱小孩子坐在壯漢的肩上，那個求助的表情，配合「雖然不認識您，但感謝您」的標語，令人感動；在扶助失學兒童的訊息傳播中，新聞照片上小女孩那雙渴望知識的大眼睛，震撼了人們的心。從情感上呼喚人們伸出愛的手，踴躍捐血或者捐獻金錢救助失學兒童的愛心和行動，然後，配合理性訊息傳播：受到幫助的人能夠獲得健康的身體與有希望、有未來的豐富人生，並從理論上闡述希望工程的重要性與迫切性，使人們將捐血與贊助希望工程成為一種良好社會風氣。

訊息傳播的本質就是要向接收訊息者介紹自己的觀點或產品的優越之處，最終說服接收訊息者接受自己的觀點或產品，否定和排斥其他不同觀點或產品。事實證明，在向接收訊息者證明自己觀點的論據和事實的同時，介紹對立方的觀點論據及其弱點，這樣的勸服效力更強。這是因為接收訊息者有比較的心理特徵，特別是當人們對一個事物的看法無法把握，或很難辨別真偽的時候，抓住人們有比較才可以鑑別的心理，提供兩種觀點的實質比較，即使不講明自己的觀點傾向，人們也會做出傾向所希望的結

果的判斷，進而收到事半功倍的效果。客服工作者如果能夠提供顧客鑑別心理發揮的空間，這會是一種情緒體驗的有效方式。

　　總之，在人類文明的進程中，訊息傳播活動確實發揮了推動商業進步的作用。一個新產品的誕生，最初可能不被人們重視，經由訊息傳播作用使得新思想的精華和新技術的優點，能夠深入人心，並引導人們的實際使用，推動人類不斷向更高層次發展。一個新產品的問世，廣告訊息傳播成為贏得消費者信賴的重要關鍵，客服工作者則是適應現代商業活動的推手。

Chapter 8
有效的說服與誘導

03

給顧客增值資訊

　　如何整合給顧客的增值訊息，是說服與誘導顧客成功的重要關鍵；反之，不足或過多的資訊肯定無法促成交易，甚至對企業形象造成反宣傳的效果。現在，讓我們來了解為顧客和客服工作者創造增值訊息的一些具體方法。在這個部分要探討的幾種創造增值訊息的方法包括：訊息人工指導、選擇訊息媒介、排除資訊障礙。

一、訊息人工指導

　　提供訊息人工指導。現在，電子商務的接受度相當高，利用增值訊息超越顧客期待能夠促進服務的品質。日新月異的電子商務世界展現了令人折服的服務水準，因為許多企業都在努力探索改進顧客服務的方法。顧客對某些網路銷售商的忠誠度正逐步顯現出來，他們在電腦上記住或標示那些喜歡的網站。如果顧客對網上或廣告裡獲取的訊息並沒有感到完全滿意時，他們可能在網上了解某種商品的特性，然後在有實體店舖的零售商那裡購買。在某些情況下，顧客不會往他們的電子購物車裡裝東西，因為他們在網上沒有獲得足夠的人工指導。確實，正如1999年的研究數

據顯示，90%的網路顧客更喜歡與客服工作者互動。當然，人們現在對電子商務的接受程度越來越高，但是始終有相當數量的顧客更喜歡從人工服務那裡獲取各種訊息。讓顧客獲取有用、可靠的訊息應該成為發展顧客服務各種措施的重要部分。

改進顧客指導的機會不僅僅是針對電子商務而言，善於經營管理的企業，對顧客的不滿非常敏感，並積極採取措施減低顧客的這種不滿情緒。那些擁有個人指導、購物助理以及私人銀行顧問的工作正是在提供額外的人工指導；那些在櫃台安排有接待人員，他們會特別友善、親切主動地與顧客打招呼，並與顧客談論他們有興趣的事情，這一類的企業正是在提供人工指導；那些主張合理與開放的政策，以及對客服工作者所關心的問題持歡迎態度的管理者，也是在為他們的內部顧客做額外的人工指導。還有，那些將家庭電話號碼給顧客，並請他們如果有問題隨時可以撥打電話的企業領導人也是在提供人工指導。認真地審視你的企業或服務團隊，你提供的訊息能讓顧客感到適意和自信嗎？

二、選擇訊息媒介

在提供顧客服務訊息時，要考慮各種訊息媒介。訊息媒介的選擇基於溝通有效性，而不只是溝通效率。如果一條訊息極其簡單（禁止停車的標誌、通知某一特定產品價格變化的便籤、簡單的食用方法或營養成分），我們可以利用一個直接有效的媒介——如訊息傳播單、標籤或簡單的說明圖表——就可以實現訊息的提供。但是，如果所要提供的訊息比較複雜，溝通有效性就顯得很重要。溝通有效性有別於溝通效率，有效性的實現特點是：

(1) 被特定的人接收到。

(2) 能夠被理解。

(3) 在一段時間內被記住。

(4) 被使用。

溝通效率是發送某一訊息的成本和收到該訊息的人數之間的一個簡單比率，有效的媒介很少是簡單或廉價的。最大程度的有效性通常是在人們面對面地交談時實現的。一對一的溝通當然比一個說明圖表或一本顧客手冊要昂貴得多，但是如果該訊息對產品的顧客滿意度至關重要，那麼還是很值得多花一些成本的。第六章客服故事中所談到的那家歐歌汽車經銷商在指導顧客新車的性能時顯然深信個性化、面對面的溝通是值得的。

三、排除資訊障礙

排除資訊障礙是給顧客提供增值資訊的必要工作。電子商務專家傑克‧阿倫森(Jack Aaronson) 認為，網站主動回絕的生意可能比他們想像到的還要多。傑克分析了這些網站在潛在顧客面前設置了三種障礙。

1. 告訴我你的訊息

在某個網站創建一個帳號並不需要太多訊息。顧客名稱和密碼是最起碼的。然而，許多網站要求填寫的訊息過多。我們可以試一下註冊一家定期寄發業務通訊的網站Topica.com。註冊該網站還真複雜繁瑣，總共有3個步驟。第1步要求填寫強制性訊息，例如生日和郵遞區號。第2步是一個很長的頁面，上面列出了所

有可供寄發的業務通訊。緊接著這個頁面的是一個額外視窗，詢問你是否需要特別推薦的業務通訊。如果不接受特別推薦而想進入到下一步你必須點擊「取消」。第3個頁面是另外一大串特別推薦的業務通訊。如果不在每個特別推薦的業務通訊上一一選擇「是」或「否」而直接點擊「提交」，那麼你會收到一個註冊錯誤的提示。頁面上雖有一個「不用，謝謝」的點擊處，但是實在是不明顯，幾乎看不到。

儘管該網站是個很特殊的例子，但是它至少還提供了一項服務。相比之下，想想從紐約到新澤西州的通勤列車(PATH Train)吧。你可以在NJ.com上找到一張新澤西州的地圖。不過，找到那張地圖可得費點時間，你得先填一份調查問卷才能進入到地圖主頁。在查看地圖前，你還得填寫郵遞區號、生日和性別等訊息才能進入到主地圖頁。有人會不禁納悶那些在頁面上顯示的列車是否是男人專車。要不然，他們為何要問你的性別？現在，在google.com找地圖是多麼方便！

2. 讓顧客記住訊息

現在的網路註冊都比較具備人性化的操作方式，如果顧客已登錄某個網站，當下次又要進入該網站時，網路的介面軟體都會提供自動填入顧客資料的選項，如果這個選項已經被勾選過，則進入網站的登入頁面時，顧客只要點擊「進入」就可以進入該網站。使用電腦與網路的時候，除了方便以外，還要注意網路的資訊安全，因為在網路世界與實體世界一樣，總會有一些人隨時想要獲得他們不應該取得的資訊，作為他們獲取不法利益的工具。

3. 讓顧客輸入訊息

　　有些網站在首頁上打出了特別折扣的廣告，並在廣告中提供折扣商品的優惠碼，顧客在結帳時，可以輸入這些優惠碼。廣告一般是圖像格式的，所以顧客在結帳時無法將那些長長的編碼複製，並貼到相應的欄位。他們得先抄下來，然而再手工輸入到欄位中，這就是一個障礙。當然，現在網路技術已經相當先進，網站已經可以將優惠碼設計成QR code，只要用照相手機將優惠碼拍攝下來，而不是非得靠顧客的手工輸入。另外一個不方便之處就是網站要你輸入訂單號碼，在網站發給你的購物確認郵件中可以找到，為了要了解訂單的處理情況，而比較進步的電子商務網站就是將你的訂單陳列出來，你只要點擊它們就可以了解訂單的情況了。

　　從人工服務的客服觀點看，在訊息人工指導與選擇訊息媒介上占有優勢，在排除資訊障礙上也是如此。但是，在其他方面的優勢可能被抵銷，例如，過多的詢問、隨時跟在顧客身邊的舉動，也會讓顧客心中的訊息價值遞減，以致分散顧客的集中思考和觀察力，反而造成消費的障礙。

個案討論：
旅行者的困惑

　　你剛剛住進了一家很破舊的汽車旅館。當時正是八月中旬，氣溫達到35度。你迫不及待地啟動空調，但它先是一陣震顫，發出嗡嗡之聲，然後空調機的出風口開始冒出煙霧。你用拳頭敲打了幾下之後，煙霧消失了，但空調完全不動作。你又熱又累，多希望自己當初訂的是一家比較好的旅館。忍無可忍之下，你走向旅館經理的辦公室，告訴他這是一家廉價、破爛、管理不善的旅館。你要求他馬上來到你的房間把空調修好。

討論

1. 讀完這位不愉快的房客的描述之後，你有何感覺？請試著找另一個人扮演房客的角色。練習以一種富有建設性的、並可能挽留這位客人的方式應對他的抱怨。如果條件允許的話，可以對這段角色扮演練習進行錄影，事後再播放，以找出非語言行為和語言行為。當進行角色扮演時，盡量參照前面介紹的敵意情境。

2. 仔細審視描述上述情景所使用的語言。在語氣方面你看出了哪些問題？你怎樣以更富有建設性的話語表達雙方的觀點？

**思考問題**

1. 訊息傳播者進行訊息傳播，其目的是什麼？
2. 何謂心理定勢？
3. 生活中，有什麼心理定勢會影響你的判斷？
4. 溝通有效性的實現特點是什麼？
5. 對於網路購物或其他服務，你覺得最關切的重點是什麼？

Chapter 8
有效的說服與誘導

Chapter 9

顧客的抱怨與流失

01 掌握顧客情緒

02 處理顧客的不滿

03 避免顧客流失

由於社會生活的複雜化，人與人的關係、物質與精神的關係也日益多元化。而情緒在人們的社會生活中又經常處於極為敏感的地位。於是，人們在現實生活中便更加無法處於平靜的情緒狀態，隨時希望能夠對於情緒的有效掌握，能悠遊於忙碌複雜的生活之中。由於客服心理學的進展和研究，我們發現：在顧客的消費過程中，不是智商(IQ)而是情商(EQ)發揮更為重要的作用。高智商者富有進取心而且創造力強，但他們往往不善於表達和控制自己的情緒，因而很可能是冷漠或神經質的。而情商較高者，善於表達和控制自己的情緒，相對的，有良好心理狀態和融洽的人際關係的客服工作者，進而有效地掌握顧客的情緒，使服務工作做得更圓滿。

01
掌握顧客情緒

　　客服工作者若要更好地處理顧客的抱怨，首先要認識顧客的情緒，方能夠掌握顧客的抱怨問題，因為顧客的抱怨絕大部分與情緒有關。我們的討論包括以下三個項目：情緒是什麼，心境、激情與壓力，情緒的改變。

一、情緒是什麼

　　情緒是客觀事物是否符合人的需要而產生的態度體驗。人在消費活動與認識活動中，既表現出對特定商品的態度，同時也表現出對商品的情緒反應，例如：喜歡或討厭。情緒總是由某種刺激所引起的，自然環境、社會環境以及個人本身都有可能成為情緒刺激的因素。當然，同樣的外界刺激未必會產生相同的情緒狀態，情緒有時與人的動機有關。人們處於某種情緒狀態時，個人是可以感覺得到的，而且這種情緒狀態是主觀的。一定的情緒狀態總是伴有內分泌腺或神經系統的生理變化，通常當事人是無法控制的。人的情緒總是透過臉部表情、身體姿勢和言語聲調表現出來的，其中臉部表情最能表現一個人的情緒狀態。

　　現代心理學家的研究顯示，情緒的發生受三種條件的制約；

其一，環境事件或稱刺激因素；其二，生理狀態或稱生理因素；其三，認知因素。其中，認知因素是決定情緒的關鍵因素，換言之，認知因素是決定顧客是否消費。1962年美國心理學家沙赫特(S. Schachter)和辛格(J. E. Singer)指出，個體對其生理變化與刺激性質兩方面的認知，都是形成情緒經驗的原因，而當事人對自己的認知解釋是產生情緒的主要原因。人的情緒的表現有非常多種。根據情緒發生的強度、持續性和緊張度可以把情緒狀態分為心境、激情和壓力。

二、心境、激情與壓力

心境是一種比較微弱的、持久的、影響人的整個精神活動的情緒狀態，它具有彌散性的特點。當一個人處於某種心境中，往往會以同樣的情緒看待一切事物。心情好的時候，任何事物看起來都特別順眼；而心情低落之際，即使是非常歡樂的狀況，心中仍是無比沉重，就是指人的心境。一般說來，心境比情緒反應持續的時間較長，從幾個小時到幾週、幾個月或者更長，主要取決於心境的各種特點與每個人的個性差異。例如，一位顧客堅持要購買特定品牌的商品，通常被認為是由於顧客的忠誠度，其實是受到心境的制約。

引起心境變化的原因，例如工作的成敗、人際關係的變化、生活的起伏、個人的健康狀況、自然環境的變化以及對過去生活的回憶等。每個人都有自己獨特的的心境。積極良好的心境會使人振奮，工作效率高，並且有益健康。消極不良的心境會使人頹喪，降低活動效率，還有礙健康。

除了心境，尚有激情影響個人的消費行為。激情是一種強烈的、短暫的、失去自我控制力的情緒狀態，具有爆發性。它是由對人具有重大意義的強烈刺激和發生對立意向的衝突，而過度抑制或興奮所引起的。激情狀態下自我陷入的程度很深，而失去了身心平衡，伴有明顯的生理和身體方面的變化。激情狀態不同，自我控制力喪失的程度也不同。在激情發生的初始階段，個人仍具有自我控制力。激情有積極和消極之分。積極的激情可以激發一個人正確行動的巨大動力，而消極的激情常常對個體的活動具有抑制的作用，或者引起過分的衝動，而作出不適當的行為。

壓力是出乎意料之外的緊迫情況所引起的急速而高度緊張的情緒狀態。例如人們遇到突然發生的火災、水災、地震等自然災害時，剎那間，人的身心都會處於高度緊張狀態之中。此時的情緒體驗就是壓力狀態。在壓力狀態中，要求人們迅速地判斷情況，立即作出選擇，還會引起個體一系列的、明顯的生理變化。所以，適當的壓力狀態，可以提高活動效能，但過度或長期處於壓力狀態之中，會大量消耗體內能量，以致引起疾病或導致死亡。在壓力狀態下，人可能有兩種表現：其一，急中生智，當機立斷，進而擺脫困境；其二，束手無策，手忙腳亂，陷入困境。究竟會出現何種行為反應，是與每個人的個性特徵、知識經驗以及意志品質有關。

三、情緒的改變

情緒可以影響和調節人的認知過程。它幫助人選擇訊息與環境相適應，並駕馭行為去改變環境。我們會經常感覺到，在心情

良好的狀態下工作時，思路開闊，思維敏捷，迅速解決問題；而心情低沉或鬱悶時，則思路混亂，操作遲緩，無任何創造性。突然出現的強烈情緒會驟然中斷正在進行的思維過程；持久而熱誠的情緒則能激發無限的能量去完成工作。所以，情緒是我們工作是否順利、生活是否適宜的及時反應的信號，我們應當像注意天氣預報一樣，隨時注意我們的情緒和心境變化，並以我們的思維去預測它的影響，進而改變情緒。

學會察覺自己的不良情緒，並努力加以調節，將消極情緒轉為積極情緒，那它就可以成為激發我們熱情、幹勁和信心的動力，會使你的事業順利發展。在快速變遷的人類社會，以知識為基礎，直接依賴知識和訊息的生產及應用的知識經濟活動，必定產生快節奏、高風險、高競爭和壓力，給人帶來的不僅僅是成功的機會，同時更有失敗帶來的挫折感，這是產生消極的不良情緒的最直接的原因。

人的一生不可能是一帆風順，遭遇挫折是不可避免的。一個人在日常生活的秩序上發生的重要改變，會使人產生生活的壓力，進而形成負面情緒體驗。例如親人的去世、失業、生病等。有時生活中的一些瑣事，日積月累，也會給人帶來壓力，而產生消極情緒。例如家庭支出的拮据、工作待遇不好、家人生病、工作太忙、空氣污染、生活保障的擔憂等。現實中，一些人往往將自己的消極情緒和思想等同於現實本身，其實，我們周邊的環境從本質上說是中性的，是我們自己給它加上了積極或消極的價值，問題的關鍵是你傾向選擇哪一種？

心理學家霍德斯(Mitchell Hottes)做了一個有趣的實驗，他將

同一張卡通漫畫展示給兩組被試者觀看,其中一組被要求用牙齒咬著一支鋼筆,就仿佛在微笑一樣;另一組則必須將鋼筆用嘴唇銜著,顯然這樣使他們難以露出笑容。結果,前一組比後一組被試者認為漫畫更好笑。這個實驗顯示,我們心情的不同往往不是由事物本身引起的,而是取決於我們看待事物的不同態度。

Chapter 9
顧客的抱怨與流失

客服故事：
老頭子做的事

　　安徒生童話裡有一篇《老頭子做的事總是對的》故事，有一位紳士整天憂愁多慮，他問農夫為什麼會那麼健康快樂。農夫說不管發生什麼事，我太太總說我做得對，做得好，所以我沒有煩惱，心情愉快。紳士不相信，他和農夫打賭，讓他做很荒唐的事。農夫把家中的馬牽到市場去換了一頭羊，老婆高興地說：「你真聰明，我們能喝羊奶了。」農夫又把羊換成雞，最後用雞換了一筐壞蘋果。老婆總能為老頭的行為找到高興的理由。紳士只得認輸，付了一大筆錢給農夫。老婆說：「你看，老頭子做的事不會錯吧！」

　　挫折是生活的一部分，每個人都會遇到，不是大麻煩，就是小插曲。雖然不喜歡它，但又躲不開。所以我們應該正確面對挫折，勇敢駕馭它；對客服工作者而言，如何面對待顧客所帶來的挫折，同時也要安撫顧客的不滿，值得深思。

02
處理顧客的不滿

俗語說：商場如戰場，知己知彼，方能百戰百勝。要獲得顧客服務的成功，我們首先要知道哪些因素導致顧客不滿？哪些事情可能導致這樣的風險：讓我們失去一個顧客、合作伙伴或者員工？我們可以從這個問題開始：「到底是什麼原因，使得顧客不滿？」，我們發現有三種類別的顧客不滿因素：價值、系統和人員，這些因素使得企業無法獲得顧客的忠誠滿意。

根據研究統計，在價值、系統和人員因素中，價值因素占顧客抱怨比率的三分之二。而價值因素包括：1.保固很差，可能是沒有維修備品；2.品質低於預期；3.商品不值所付的價格。系統因素包括：1.服務反應太慢，或者無法尋求協助；2.業務場所骯髒、雜亂；3.產品類型貧乏，或者缺貨；4.銷售地點偏遠、陳列不合理、停車不方便。人員因素則包括：1.禮貌不足、不友善，或者心不在焉；2.員工的業務知識不足，或者不能解決問題；3.員工行為不端莊。進一步的研究似乎證實，這幾類顧客不滿因素構成了一個有用的分析情況，可以由此找出顧客不滿的根源。現在我們來探討每一個類別。

一、價值因素

顧客不滿的一個根本因素是他們感覺從一件產品或一項服務所得到的價值不夠。換句話說，品質低的產品或馬虎的工作可能讓顧客極度不滿意。價值可以被簡單地定義為品質與所支付的價格之比。如果你在折扣店購買了一件價格低廉、用完丟棄的產品，例如一支20元的原子筆，你不會因為它不夠經久耐用而感到懊惱。但是如果你買的一支2000元的鋼筆，在你的襯衫口袋漏出墨水來，你肯定非常生氣。如果是汽車、家電產品或專業服務的大金額交易沒有達到你的要求，你將經歷一次價值因素所導致的不滿。

給顧客提供適切的價值，這個主要責任在於企業的最高經營階層。因為是他們決定了企業賣出的是哪一種品質的產品或服務。銷售員所稱的價值主張(value proposition)：企業想要用來與其顧客進行交換的東西，便是由他們所界定。在一個只有一個人的企業中，界定價值的品質／價格的公式由所有者來決定。如果你經營一個賣水果汁的攤位，用多少水果汁，加多少蔗糖由你決定（理想的辦法是你從顧客那裡了解到他們認為怎樣是最好的）。如果你開一家汽車經銷店，你可以選擇賣新車，也可以專注於低單價、滿足基本運輸需求的二手車。這些策略中的任何一種也許都是可行的，但在顧客的眼中對於價值的認知（產品品質與價格之比）可能是完全不同的。如果你提供代客記帳的服務，你可以聘請僅僅會把數據登錄到商業套裝軟體的職員，也可以聘請能夠給顧客提供財務規劃建議，而且經過認證的會計師。這兩

種策略中的任何一種也許都是可接受的，但是顧客的價值認知一定不同。

雖然企業中的其他人可能對價值產生一些影響，但就確保恰如其分的價值主張來說，最高經營階層承擔所有責任。

二、系統因素

在顧客服務的話語中，「系統」這個詞是指，向顧客「交付」產品或服務的任一流程、手續或政策。系統是我們把價值傳遞給顧客的通道。以這種眼光來看，系統還包括以下一些非技術性的東西：

(1) 公司地點、佈置、停車設施、電話線路。

(2) 員工培訓與人事配置。

(3) 資料登記，包括處理顧客交易的電腦系統。

(4) 有關保固和退貨的政策。

(5) 配送或取件服務。

(6) 商品陳列。

(7) 顧客滿意度追蹤的手續 。

(8) 計帳與會計流程。

系統方面的顧客不滿與顧客獲取商品和服務關聯的任一流程、手續或政策相關。在大多數企業中，消除系統方面的顧客不滿因素主要是管理階層的責任。這是因為系統的變更通常需要預算支出（例如遷往新址、重新裝潢、增添人手，並加強培訓以及加強配送服務的效率）。當然，非管理階層的員工也應當為系統

變更提出建議。管理階層能夠從各個層級的員工那裡獲得一些有關系統變更的絕佳主意。

系統有多重要？每個企業需要系統才能進行正常的經營，有些人甚至聲稱顧客服務問題的大部分都是由於系統錯誤，或者不合邏輯的系統應用所引起。系統引起的顧客不滿必須由有職權進行整修的管理階層來解決。系統的缺陷啟始於公司交付其產品或服務的方式，這包括大量的基本因素，從產品選擇、企業所在的位置、作業流程、在顧客便利與舒適度上所做的努力、人員配置及員工培訓等等。使事情太過複雜會導致顧客對系統的不滿，如果交易過程太過繁雜、效率低，或給顧客、員工帶來太多麻煩，他們就會經歷系統缺失的煩惱。顧客針對過長時間的排隊等候、服務低劣、員工作業不熟練、工作場所凌亂、標誌不清等的投訴，都是系統出問題的現象。

研究顯示：許多顧客的另一個主要抱怨是服務緩慢。顧客最先提起的不滿是服務緩慢或等待時間過長。我們生活的社會注重速度和效率，討厭那些拖拖拉拉的過程。公司的系統決定了服務的速度，因為它們包括人員配備、流程動線、可使用性的交付效率、員工訓練的政策等等。實施與維護有效系統的責任在於公司的管理階層，因為系統的改變牽涉經費的支出，有關增加人手、提供額外培訓、改變或增加場地設施、實施新的交付方式或者重新安排營業場所的決定，都是由管理階層的批准。服務速度緩慢很容易引起顧客不滿，如果經過適當的調整與整理，而增加顧客的滿意度，所增加的營業支出很快就能得到回報。

三、人員因素

　　人員因素，幾乎總是因為溝通問題所引起。員工不能得體的溝通，不論是語言方面，或者是非語言方面，都可能激怒顧客。人員因素造成顧客不滿的例子如下：

(1) 員工沒有問候顧客或者沒有對顧客微笑。

(2) 員工之間互相聊天或者因為私人電話而中斷與顧客的對話。

(3) 粗魯或者缺乏關懷的行為。

(4) 讓人感到脅迫性的銷售手法。

(5) 工作場所骯髒或凌亂，員工穿著不當或衣冠不整。

(6) 員工有紋身。

(7) 員工給予顧客的訊息不精確或者給人一種缺乏專業知識的感覺。

(8) 任何讓顧客感到不舒服的訊息。

　　公司各個層級的員工都可能成為顧客不滿的人員因素，在大多數情形下，這些因素發生是因為人們不能理解他人的感受。每個有志於在職業生涯獲得成功的人，都應當經常地學習溝通，即使是最微妙或無意識的行為，也可能傳遞錯誤的訊息，而導致顧客流失。每一個員工都有減少人員因素的責任，通常員工自己的行為所傳遞的訊息沒有察覺不妥之處，培訓當然能提升認知的能力，但最終還是員工個人決定他與顧客以及其他員工溝通的方式。當員工對自己傳遞給顧客的訊息毫無知覺時，就常常會發生

由於溝通所導致的顧客不滿。

　　具備優良顧客服務態度和人際溝通技能的人員就特別重要，有些成功的僱主常常將他們在其他場合遇到的服務出色的人員重金禮聘，這也說明了那些不會引起顧客不滿的員工的價值。另外一個替代的辦法是給員工提供溝通培訓，以幫助他們提升內涵，教導他們與顧客溝通的正確用語，但這種培訓效果有限，還是僱用優秀的交際者效果更好，因為人們總是以自己所習慣的行為方式進行溝通，改變是緩慢的，而且要付出相當的努力與代價。改變溝通行為的最佳方式是透過提高認知服務品質的必要性，進而塑造新的行為模式，讓員工嘗試新的行為，並強化所獲得的改進。公司可以從中獲益的做法包括：使用訓練手冊或標準化的表達語句，以及清晰地規定有關溝通中的禁忌，包括某些不可傳遞的訊息、術語或非語言行為。

03
避免顧客流失

不滿的顧客，可能在剎那間流失。就像一個老套的笑話一樣，我有壞消息也有好消息，壞消息是：一般的公司每年流失10%～30%的顧客，主要是因為服務不好；我們的好消息是：這些不滿的顧客都跑到你的競爭對手那裡。顧客滿意度就像一個每天都在進行的競選，人們用腳來投票。如果不滿意，而且還有其他選擇時，他們拔腿就跑。員工要經常與這些不快樂的顧客打交道，更要忍受著顧客不滿意的怨氣。當垂頭喪氣的員工受夠了顧客的抱怨而另謀高就時，公司就要付出代價，接受其他員工所帶來的成本與干擾。

一、顧客流失的成本

學會計算顧客流失的成本。面對相對較差的顧客服務狀況，啟動有效的顧客保留計劃的公司，其利潤可能增長25%～100%。非營利組織或者沒有真正競爭對手的組織，則會享受到員工流失率下降、更好的財務狀況和更愉快的工作氣氛。喜歡也好，不喜歡也罷，顧客服務必將成為企業獲利的決定性因素，贏家與輸家會在這一點比較出高下。當糟糕的服務導致一個顧客流

失時，會發生什麼情形？許多人並不真正清楚顧客流失的成本
(cost of the lost customer)，這個成本可以用多種方法來計算，但
一定比我們意識到的要大許多。

　　為了更好地了解顧客流失的成本影響，讓我們來看看一個大
家都熟悉，但是容易忽視的例子：故事發生在一家雜貨超市，
主角是威廉斯夫人，她是一位60歲左右的單身女士，多年來都
在快樂傑克超市(Happy Jack's Super Market)購物。這個超市離家
很近，產品定價也有競爭力，有一天，威廉斯夫人問農產品部經
理：「索尼，我可以買半個萵苣嗎？」他望著她，就好像她有
毛病一樣，然後他慢慢地回了一句：「抱歉，女士，我們只賣整
顆的。」她感到有些難堪，但還是接受了他的拒絕。後來，她又
經歷了其他幾個小的失望，例如她想要1夸脫（等於940毫升）脫
脂牛奶，但他們只有2夸脫裝的，又例如當她付款時，收銀員對
她視若不見，只顧與自己的同事聊天，讓她感覺更糟的是，這
位收銀員突然問她要「兩種證件」(two forms of ID)才收她的支
票。「他們把我當成什麼了！」，威廉斯夫人納悶，「一個嫌疑
犯？」而且最後收銀員連聲謝謝也沒有。

　　威廉斯夫人那天離開這家超市後，就決定再也不去那裡買東
西。雖然她多年來都在那裡購物，但是她突然覺得自己在那裡購
物從未受到重視與尊重。她有一種總體感覺：快樂傑克的員工根
本不在意她是否在那裡購物。她每個星期在那裡花掉大約50美
元，這可是她辛苦賺來的！但對於這家超市的員工來說，她只是
另一個送錢來的人，根本不值得一聲誠摯的「謝謝你！」她是不
是滿意他們的服務，似乎一直沒有人在意。但現在就不同了，今

天她決定到別的地方去買雜貨。也許，另外一家超市會更重視她的光顧呢！

這家超市的員工怎樣看待威廉斯夫人的行為？他們沒什麼好擔心的，生活就是這樣嘛！有時，你得到了，有時，你失去了。快樂傑克是一家大型連鎖超市，有沒有威廉斯夫人無所謂。再說，她有時脾氣有些古怪，還常有些莫名其妙的特殊要求：誰聽說過有買半顆萵苣的！沒有她每星期來這裡花的50美元，快樂傑克照樣生存。店員也不想惹惱她，但像快樂傑克這樣的大公司也不能為了避免一個老太太走到另一頭的競爭對手那裡去，而勉強遷就她的需求。不錯，他們知道要對顧客好一些，不管怎樣，失去一個像威廉斯夫人這樣的顧客也算不上一個重大的財務災難吧！但事情果真如此嗎？

二、天大的損失

快樂傑克的員工需要理解一些經濟事實。成功的企業要從長遠來看，他們要看他們的服務所引起的「漣漪效應」(ripple effects)，而不僅僅是單次購買的當次利潤。就像一顆石子投入池塘時，所產生的漣漪擴散開一樣，一個不快樂的顧客的影響遠遠不止這一個人，那個短視的員工所看到的威廉斯夫人是一個與大公司打交道的小顧客。讓我們從另一個更寬的視角來看一看這個情形。

失去威廉斯夫人這個顧客的損失當然不只是50美元而已。她是個每星期花50美元的顧客，那麼算起來，每年是2600美元，10年就是26000美元。也許她這輩子都會在快樂傑克購物，不過我

們還是保守一點，用10年來進行說明。但是漣漪效應說明她離去所帶來的後果更嚴重。研究顯示，一個懊惱的顧客會把一次不愉快的經歷平均告訴10～20人。有些人還會告訴更多的人，但為了保守起見，我們假定威廉斯夫人告訴了11個人。同一個研究指出，這11個人中的每一個可能平均再告訴5個人，聽到這件事的總人數是67人，這下問題就大了！

是不是這67個人都不再去快樂傑克？也許不會，我們假定這67個顧客中，只有1/4決定不去快樂傑克買東西。那就是67個人的25%，取整數就是17個人。假定這17個人也是每星期消費50美元的購物者，快樂傑克每年就損失了44200美元的業務，10年就是442000美元，原因只是威廉斯夫人離開這家超市的時候感到懊惱。這樣看來，賣給她半個萵苣，聽起來就是很重要的決定了。

儘管這些數字開始顯得有點聳人聽聞了，但統計數字仍是保守估計。在美國許多地方，一個普通的超市顧客實際上每星期消費100美元或更多，所以流失顧客的成本會馬上在這些數字的基礎上倍增。當懊惱的顧客把不愉快的經歷告訴別人時，漣漪效應就發生了。

三、新顧客的成本

顧客「以新換舊」的代價。有關顧客服務的調查顯示，吸引一個新顧客的成本（主要是廣告和促銷費用）是保持一個現有顧客成本（其成本包括退款、提供樣本、更換商品）的5～6倍。根據一份調查報告的估計，保持一個顧客購物愉快的成本約為19美元，相較之下，讓一個新的買主來到店裡，然後成為一位忠實顧

客，其成本高達114美元之多。 我們再來做一下快速演算，看看失去威廉斯夫人這個顧客的真正成本是多少：保持威廉斯夫人購物愉快的成本：19美元，然而吸引17個新顧客的成本高達1938美元。

現在讓我們從每一個員工相關的角度，進一步考察顧客流失的「殘酷現實」：流失顧客就是丟掉飯碗。假定一個公司稅後利潤率是5%，支付工資同時維持現有的利潤水準，需要賣出多少金額的商品？當然，這些數據是浮動變化的，但沒有任何生意人否認銷售額對員工的工作職務有直接的影響。如果一個年薪15000美元的兼職店員，每年只得罪3～4個顧客，漣漪效應都可能很快超過維持那份工作所需的銷售額。不幸的是，很多公司的員工每天就要得罪3～4個顧客！這可不得了。由此看來，顧客流失與工作不保之間的關係是非常明確的。

思考問題

1. 情緒是什麼？
2. 請以實際例子說明情緒狀態的心境、激情和壓力。
3. 請說明顧客不滿因素：價值、系統和人員，其現象與原因。
4. 如何避免顧客流失？
5. 何謂漣漪效應？

Chapter 10

加強顧客的忠誠度

01 識別顧客的忠誠

02 留住好顧客

03 開發忠誠顧客

顧客服務的終極目標是營造顧客忠誠度。理解忠誠：什麼導致顧客忠誠以及如何測試顧客忠誠，使得一個企業或個人能夠提升由顧客驅動的服務品質。本章根據這項目標，討論三個議題：識別顧客的忠誠，留住好顧客，開發忠誠顧客。

01

識別顧客的忠誠

既然顧客服務的終極目標是營造顧客忠誠度,那麼,首要的工作是識別顧客的忠誠。以下的討論包括:顧客忠誠的迷思,顧客忠誠度,忠誠法則。

一、顧客忠誠的迷思

為了理解何謂顧客忠誠,我們要先解決相關的迷思問題,也就是先來識別一下什麼不是顧客忠誠。顧客忠誠有時被誤解或簡化為以下四點。

1. 單純的顧客滿意。滿意是一個必要的組成部分,但一個顧客可能今天滿意,下次可能不滿意,將來卻未必忠誠於你。
2. 對一些試用或促銷活動有反應,甚至熱烈響應,這並不代表顧客的忠誠。忠誠是買不到的,你必須贏得它。
3. 在市場的佔有率不等同於顧客的忠誠或支持。你可能因為顧客忠誠於你客服以外的原因,例如,在某一個產品或服務上擁有一個較大的市場。也許是你的競爭對手很弱,或者你現在的定價更有吸引力。

4. 單純的重複購買。有些人由於習慣、便利或價格原因而購買，但是，一旦顧客有了其他選擇時，則隨時轉向別的商店。

　　把這些假設的忠誠迷思識別出來是很重要的，這些迷思會讓你產生一種虛假的安全感或成就感，而此時你的競爭對手，可能正在營造真實的顧客忠誠，請讀者將上列四個項目以更深的角度思考，答案自然會出現。例如，將顧客的滿意提升到支持度，在熱烈響應之後贏得顧客的心等等。

客服故事：
超級漢堡

　　史蒂夫和德比擁有一家獨立的快餐店，名叫超級漢堡(Burgers Supreme)。6年多來他們建立起一個忠實的顧客群體，其中許多人幾乎每天都在那裡用餐。這些顧客不僅在超級漢堡購買午餐，他們還把朋友和同事帶去那裡，有些常客甚至被取笑擁有這家餐廳的股份，當然這是閒聊的話題而已。菜單的選擇很多，有幾十種三明治、沙拉、湯、點心，以及各種特色食品，如希臘烤羊肉、洋蔥捲和優格冰淇淋等，所有的食物都是現做現賣。但顧客對這家餐廳的忠誠遠遠超越美味的食物和公道的價錢。

　　幾乎每一個常客都曾有過這樣的驚喜：史蒂夫、德比，或者某位僱員說：「這頓我請了！」老闆、經理甚至僱員都有權給予忠誠的顧客免費的午餐，當然這種待遇不是顧客每次都能享受到的，但它的確反映了餐廳的主人相信顧客的忠誠是需要認可的，也反映了他們願意授權讓員工不定期地無償贈送一些東西。超級漢堡的櫃台員工以德比為榜樣學習合宜的服務態度。她總是與他們站在服務顧客的第一線。她以身作則，不時地讚揚，或者給予糾正建議。她的員工們以姓名稱呼顧客、微笑、熱情洋溢地解決

問題的時候，她在一旁教導，而且為確保餐廳乾淨整潔，即使在午餐最繁忙的時段，她在廚房與餐廳的各個角落來回奔波，忙個不停。

面臨著來自全國性連鎖企業如溫蒂 (Wendys)、麥當勞，漢堡王，以及其他提供相似食物的餐廳的競爭，超級漢堡憑著友好、獨特、個性化的服務，可以說贏得了屬於自己的一席之地。對於顧客服務，他們身體力行，決不是流於形式。

二、顧客忠誠度

　　那麼，究竟什麼是顧客忠誠度？顧客忠誠度是定義為三個重要特徵的綜合。

1. 顧客忠誠度由總體的滿意所推動。滿意度水準低下或者不能保持穩定的企業不能贏得顧客忠誠。
2. 在顧客這一方面，忠誠意味著顧客心甘情願地與這家企業建立一種長久的關係來進行持續的投資。
3. 顧客忠誠度表現在態度與行為的結合上，包括：重複購買；願意推薦這家企業給其他人。

　　蓋洛普(Gallup)民意調查機構最新的研究確認了這些因素，還把這個概念向前推進了一步，把顧客參與(customer engagement)描述為一個關鍵的變量。在2003年的一篇文章中，《蓋洛普管理雜誌》(*Gallup Management Journal*)對於忠誠與贏利性之間的聯繫提出質疑。這些研究者得出了有些類型的顧客忠誠，可能不具贏利性的結論。具體來講，他們說：「由企業送出的禮品、折扣或其他補償所激發而來的重複購買行為。」可能是不具贏利性的。研究者更指出：「忠誠的行為指標經常具有誤導性，因為它們不能區分具有品牌忠誠的顧客與不具有這種忠誠的顧客。不忠於這個品牌的顧客可能顯得忠誠，他們目前仍然是顧客，只是由於習慣或者公司還在給予顧客折扣的好處。他們一樣會受到競爭對手為了吸引他們，而提供更有吸引力的折扣。」

　　請讀者注意：有些顧客並不是真正地忠誠，他們只不過是尚

未離去而已。為什麼只有顧客滿意是不夠的。有幾份蓋洛普案例研究提供的證據顯示，滿意度測量的結果告訴我們有關顧客忠誠度的訊息很少。就一家業績很好的連鎖超市的案例而言，從顧客來到超市的頻率以及消費的金額，可以看成是「情感鏈結(emotional connectivity)」（指牽涉到情感性的領域）重要性的證據。低於「非常滿意」（在5分制評分上其滿意度為1、2、3或者4分）的購物者每月光顧這家超市約4.3次，一個月平均消費166美元。那些「非常滿意」但是對這家超市沒有強烈情感鏈結的顧客，光顧這家超市的頻率更低（每月4.1次）而且消費更少（144美元）。在這個案例中，非常高的滿意度對商家而言不代表增加的價值。

　　然而，當蓋洛普考察那些非常滿意且與這家超市有著某種情感鏈結（「高度參與」）的顧客時，一種完全不同的顧客關係顯現出來。這些顧客每月光顧這家超市5.4次，消費210美元。顯然，並非所有非常滿意的顧客都是一樣的，那些「非常滿意」而且存在強烈情感鏈結的顧客比「非常滿意」但不存在這種情感鏈結的顧客，光顧該超市的頻率高出32%，消費金額高而沒有贏得顧客的心又如何？一文不值！滿意而贏得顧客的心？則是無價之寶！我們可以思考下列三點：

(1) 對於只測量顧客滿意度的企業，這份研究說明了什麼？
(2) 想要營造顧客忠誠的組織面臨的關鍵挑戰是什麼？
(3) 你所在的公司如何應用這裡的訊息營造顧客忠誠？

蓋洛普報告的結論是，如果你不能夠與顧客建立一種情感鏈

結，滿意是毫無價值的。這份研究使用了一系列指標來定義顧客參與，並總結說對其所購買產品和服務的企業，具有一種贏得顧客的心的能力是企業難以估價的資源。若干個案例研究顯示，高度參與的顧客，對某個商家不僅滿意而且具有情感上的鏈結，則光顧會更頻繁，消費也更多。換言之，參與、歸屬等概念提供了不同的方式，表達顧客對某個商家或品牌所懷有的忠誠。現在我們說：顧客忠誠是我們在服務方面所作努力的最高目標；與顧客建立一種情感鏈結對於建構忠誠關係是非常重要的。

三、忠誠法則

討論顧客忠誠法則(Loyalty Rules)，要介紹弗瑞德・賴克爾(Fred Reichheld)的顧客淨推介值(the Net Promoter Score, NPS)。弗瑞德・賴克爾已經成為顧客忠誠研究領域的大師級人物。他取得非凡成就的著作《忠誠法則》(*Loyalty rules! : how today's leaders build lasting relationships*, 2008)講述了吸引和保持忠誠顧客的重要性。賴克爾曾說有一個問題可以看出顧客的忠誠度，這個問題就是：「你會將這家公司推薦給朋友或同事的可能性有多大？」使用以下10分制評分，企業可以計算它們的「顧客淨推介值」。計算方法是從「推介型」（promoters，評分為9～10分）所佔的百分比中減去「貶低型」（detractors，評分為1～6分）的百分比。所得的數字成為一個基線 （起點），往後可以重複測量，看企業是否正在取得進展。什麼是NPS淨推介值？NPS是一種管理哲學，它基於這樣的觀念：企業成長的最佳方式是讓更多的顧客變成推介者，以及更少的顧客變成貶低者。NPS也是使得

這個哲學實際可行的中心指標，和相關的工具與商業流程。正如資產淨值代表財務資產與負債之間的差額，顧客淨推介值把顧客資產與負債之間的差額數量化。只需提出一個問題，顧客就可以被歸入以下三個類型：

(1) 忠誠而熱情的是推介型。

(2) 滿意但缺乏熱情的是被動型。

(3) 不滿意但受困於一種不良關係暫未離去的是貶低型。

很簡單，你只需使用公式P－D=NPS就可以算出NPS分值，其中P和D分別代表推介型和貶低型所佔的百分比。對於企業的挑戰就在於透過提升其顧客淨推介值來促進企業的成長。NPS與企業成長之間是否有相關性？是的，在2003年基於超過150,000個顧客的一份研究中，我們發現了顧客淨推介值與一個企業相對於其競爭對手的成長之間有著極強的相關性。從航空業到銀行業、快遞服務，到個人電腦，擁有最佳NPS分值的公司表現出極佳的成長。在10年時間內實現了可持續增長的公司擁有兩倍於其他公司的NPS分值。

總之，發展顧客服務技能為職業成功提供了最有意義的舞台。無論你為一家大企業工作，還是經營一個賣汽水的攤位，顧客服務的原則都是一樣的。顧客對你的看法有關你的生意的興衰。對於內部顧客（員工）的服務，與對於外部顧客的服務一樣重要。我們在本書中討論的所有顧客服務原則都可以應用到員工關係上。無論你的頭銜、職位、經驗或資歷如何，你的首要任務無一例外都是吸引、滿足並保持忠誠的顧客。

02
留住好顧客

在了解顧客的忠誠之後，最重要的是如何保有這項成就：留住好顧客。以下我們要討論三個議題：滿足顧客需求，需求和期待，推介型顧客。

一、滿足顧客需求

顧客滿意過程的許多方面是保持不變的，特別是心理和行為因素幾乎一成不變，人和組織的需要在很大程度上也會保持不變，基本的關懷感、關注以及能力，將繼續在建構顧客滿意和忠誠上發揮關鍵的作用。事實上，對有些人來說，很多方法可以重新點燃人性化接觸的渴望，這就是為什麼美國蓋普(GAP)專賣店要把產品擺放在很容易弄亂的大桌子上的原因之一，重新折疊、擺放因為顧客弄亂的衣物，讓店員有事可以做，而且店員還可以近距離地與顧客進行交流。

就連在技術型的企業中，人性化接觸也會與顧客產生共鳴。當那些在網路上購買電腦的人，發現安裝電腦的軟硬體的動作，比他們想像的要複雜時，他們會感到沮喪或好奇，這就給規模較小的本地電腦零售商創造了一個提供個性化安裝的機會，雖然價

錢比電腦量販店要高一點；那些對顧客電話做來電記錄的網絡零售商也是想要建立顧客忠誠，人性化接觸永遠不會被最先進的技術所取代。同樣地，人們對於公平價值的需求也是始終如一的。人們希望交易公平，希望物有所值。那些獲益於抬高價格、令人困惑的價格結構、隱性收費和不合理罰款的企業是不會長久生存下去的。弗瑞德‧賴克爾(*Fred Reichheld*) ——《忠誠法則》(*Loyalty Rules!*)和《終極問題》(*The Ultimate Question*)兩部書的作者，將其稱之為「不良利潤」(bad profits)，而實例就包括那些以犧牲長期顧客關係為代價，來贏取短期收入的企業。「不良利潤」的實例，具體來說有以下八個項目：

1. 提高運費（例如網購商品的運費）。
2. 在降價促銷前提高售價，以凸顯降價的比率。
3. 對變更服務予以重罰（例如手機使用合約，飛機票改期）。
4. 對某些季節性商品或熱銷品實行漲價（年節假期間機票價格大漲或高價的飾品)。
5. 用複雜的定價計劃欺騙顧客花不該花的錢（定價過高的「服務合同」或保固延長計劃）。
6. 將不適合的產品銷售給信賴你的顧客。
7. 定價缺乏透明度，造成了一種顧客買得很划算的假象。
8. 新顧客享受的特惠商品價格，不適用於現有的忠誠顧客。

　　當企業強調短期收入的最大化，而不是建立持續的顧客關係時，就很容易發現不良利潤的實例。不良利潤對顧客關係有腐蝕性的作用，而良性利潤能營造並保持良好的顧客關係。簡而言

之，不良利潤就是那些以犧牲顧客關係為代價而賺得的利潤，如果超出了顧客可以承受的範圍，讓顧客感到被剝削或被不公平對待時，那麼此時無論是什麼樣的關係都會受到損害。相反地，公平交易時，顧客關係就會得到鞏固。

二、需求和期待

滿足顧客的需要和期待，其重點在於顧客的期待。古老的傳統與智慧告訴我們，動態的銷售技巧是成功的關鍵，這項概念與走動式管理類似。如果銷售人員能對產品做很好的展示，並且與顧客保持近距離而令其心生好感，甚至超越顧客的想像和期待，那麼顧客就會買。如今，新的法則正在出現，儘管展示和保持與顧客的近距離，對於銷售過程依然很重要，但是還有比這兩者更重要的東西：滿足顧客需要和欲求的能力。現在的消費者面臨著數量龐大的購物選擇，在現今全球經濟的形勢下，要買同一樣東西，消費者有許多地方可選擇，是什麼因素讓消費者選定了某個商家的產品系統呢？

在購物的決定是基於品質、價格、便利或是顧客服務呢？你是怎麼決定在哪裡購買衣服、日用品、汽車、電器以及其他生活消費品的呢？對於作為消費者的你來說什麼是最重要的呢？這些問題的答案沒有什麼出奇之處。消費者會選擇那些他們能夠從中獲得最物超所值的商品、最有效率及最友好的服務、最令人愉快和最個性化的購物體驗的地方，就是這麼簡單。企業要去理解其顧客的價值感知，以及企業的系統和人員，以建立並保持好的顧客關係。

三、推介型顧客

　　盡職的客服工作者就像一位稱職的牧羊人，他的工作是把羊群養大而健康，以便繁殖更多的羊，因為他知道自己不能也不會繁殖羊群。因此，如何培育推介型顧客是客服工作者的重要任務。

　　也許評量顧客關係強度最好的方法就是透過顧客淨推介值（NPS），NPS的數據收集都是基於對這句簡單的話：「你會把這家企業推薦給朋友或同事嗎？」的肯定或否定的回答，用1～10分進行評分，這能夠反映顧客關係強度。1～6分可以視為貶低型顧客，7～8分為被動滿意型顧客，而9～10分才是企業的推介型顧客。NPS值就是推介型顧客與所有貶低型顧客之間的差額。

　　這種有關顧客滿意度的測評方法在未來將會越來越普及。儘管看似簡單，但是NPS以心理學為基礎，比其他許多麻煩的顧客回饋測評方法要好得多，它避免了許多與調查和觀測研究相關的問題。如果能進一步擴大NPS的適應性，它就最有可能成為一個普遍接受的顧客服務品質評估方法。

03
開發忠誠顧客

開發忠誠顧客的關鍵，在於將顧客服務放在心上，然後贏得顧客的心。如果我們想到純粹的顧客滿意與顧客忠誠之間的關係是相當脆弱的，那麼對顧客不滿因素的思考就顯得尤其重要。即使是滿意的顧客，也可能與提供產品或服務的企業保持中立的關係，他們可能對企業很少參與感或根本沒有參與感，一件很小的事情都可能導致他們的不滿。服務水準可能會充分地滿足他們的需要，但卻不能激發他們持久的忠誠。

一、保有舊顧客

開發忠誠顧客的首要課題是，維持原有的顧客。在這個議題上，我們先要弄懂激勵與滿意的關係。正如弗雷德里克‧赫茨伯格(Frederick Herzberg)和他的同事多年前所發現的：滿意的員工不一定是受到激勵的員工。同樣地，滿意的顧客不能假定為受到激勵的重複購買者，差強人意的服務不能保證與顧客建立長久的親密關係。實際情況是，滿意的顧客可能出於慣性而非受到激勵，他們的滿意可能只意味著不存在不滿意，而不是受到激勵而變成忠誠的顧客。在不滿意與受激勵之間，存在著一個「無差異

區域」(zone of indifference)。那麼，挑戰就在於把顧客從滿意提升到受激勵，做到這一點的最好方式是關注顧客的感覺和顧客的期待。

即使善於服務的人員付出最大的努力，問題也會不可避免地出現。出現問題時，不要把它看成是很嚴重的災難，而要把問題視為進一步鞏固顧客忠誠的機會。如果顧客沒有什麼特別的要求，那麼人人都能夠提供良好的服務。正是在顧客有特殊要求或特殊問題出現時，顧客服務的動作才會受到考驗。對即將「離」去的顧客進行挽留，可能會提升顧客對公司保持忠誠的可能性，這樣的顧客更可能受到激勵。聽起來有些奇特，然而研究顯示，一個遇到問題的顧客，如果那個問題被立即而有效地解決，他將會比那些從未遇到問題的顧客更可能保持忠誠。即使在顧客的問題沒有百分之百地解決到令他滿意的情況下，其忠誠度也將上升。僅僅是重視顧客的問題並努力解決這件事本身，似乎就是強化顧客關係的一個關鍵因素，這說明與顧客溝通的的重要性。

客服界有一句名言：顧客想知道客服工作者在意多少，而不在意你知道他們多少！對顧客真誠的關懷，此概念一定要成為一個公司提升顧客忠誠的各種努力的基礎。

二、服務情感因素

情感因素是開發忠誠顧客的第二項課題。英國顧問大衛・弗曼多(David Freemantle)強調在提供卓越顧客服務並建立競爭優勢中，情感所扮演的重要角色。如果顧客與企業之間不存在情感鏈結，不滿因素發生的可能性就會很高，在他的著作《顧客喜歡

你什麼》(*what Customers Like about You*)中，他提出「情感鏈結(emotional connectivity)處於所有關係的中心，因而也處於卓越顧客服務的中心」，當人們在交流中對於所處的情景以及彼此之間產生真切的感受時，這種鏈結就會存在。當存在情感鏈結時，許多顧客不滿因素就可以被消除。弗曼多認為加強這個鏈結的個人技術有以下七個項目：

(1) 當顧客來到時，創造一種溫暖的氣氛。

(2) 對每個顧客發出溫暖而積極的信號。

(3) 對顧客的情感狀態保持敏感。

(4) 鼓勵顧客表達他們的感受。

(5) 真誠地傾聽。

(6) 找到每個顧客的優點。

(7) 拋棄對顧客的任何負面感受。

業務就是服務。如果企業不把服務看成他們營運哲學的不可分割的部分，專門設立一個「服務部門」會被看成是一件多餘的事情。任何部門存在的唯一目的都是服務其顧客，無論是內部顧客還是外部顧客。美國諾思通百貨公司(Nordstom)執行經理貝西·桑德斯(Betsy Sanders)說：「只要你還在給你的服務增加一個額外的動力（例如時間、精力和資源，以便把服務作為某種特別項目而獨立設置），結果就會令人失望，服務只有在它是一個內部動力時才會有意義。當你把服務作為企業的支柱，相信沒有顧客你就無法存在時，這種動力便會加強。」

服務必須被視作企業最基本的業務，而非一個附屬的功能。

一個企業對服務承諾的重視，顧客很快就看得出來，在顧客的眼中脫穎而出的公司是少之又少。大多數企業沒有在顧客心中留下什麼印象，無論是好或壞的，以致顧客根本不會對服務內容多加思考，更不用說與他人分享這種思考。顧客忠誠的要素：向別人推薦你的企業，就因為一種平淡無奇的服務而被遺忘了。

三、贏得顧客忠誠

怎樣幫助顧客走出無差異區域(zone of indifference)，使之成為你企業的忠誠粉絲呢？以下指出贏得顧客忠誠的兩項法則：

(1) 減少或去除造成顧客不滿的價值因素、系統因素和人員因素。
(2) 提供超越顧客期待的服務，創造更好的口碑。

減少或去除不滿因素的第一步是認識到這些因素的存在。前文描述的三種因素提供了一個有用的歸類和分配主要責任的方式。但是，我們怎麼知道我們會得罪顧客呢？

簡單的答案是：推己及人，站在顧客的角度思考問題。客觀地評估顧客受到的待遇，並拿它與你在其他公司受到的對待相比較。正如美國洋基棒球隊著名捕手尤吉·貝拉(Yogi Berra)所說：「只要看也能悟出些門道來。」(You can observe a lot by watching)同理，只要聽也能悟出些門道來。更進一步的工作是開發顧客的規劃。顧客忠誠的規劃是一項重要又艱困的工程。規劃包括前瞻性地考慮必須要做的事情，以維護和提升績效、解決問題、發展員工技能。為制訂規劃，管理者需要在每一個領域，設

定每週、每月和每年要達成的目標。定好清晰的宗旨之後，管理者緊接著要徹底全面地考慮以下四個問題：

1. 必須採取哪些具體的行動以達成我們的目標？企業如何讓員工去執行那些行動？
2. 這些活動將如何實施？需要用到哪些工具或技術？
3. 誰來做這項工作(哪些人、哪些部門或團隊)？這些活動將於何時開展？
4. 企業需要提供哪些資源？

　　這樣的計劃需要大量聽取顧客和員工的意見，並且按照他們的意見採取行動。管理者需要有一個開放的態度，要認知到自己沒有所有問題的答案，許多答案都要從別人那裡聽取而來。非常少數的企業在制訂規劃的實踐上，是與優質服務的目標背道而馳的。管理者可能沒有意識到他們的行為已經是事與願違，但是實際情況常常就是這樣。大多數管理者不得不承認在提供優質服務的執行過程中，在「付諸實踐，兌現承諾」上的失誤。

個案討論：
一個客服人員的告白

　　瑪莉是某公司的退休人員，在一個退休同事的聚會中，瑪莉被問到在多年的職業生涯裡，有什麼事是最讓她難以忘懷的？瑪莉稍微停頓了一下，就開始娓娓道來。

　　「我在還沒有到我們公司任職之前，曾在另一家規模較小的公司上班，擔任的工作就是接聽電話的業務助理。」「公司的業績還算不錯，也相當具有制度，但就是工作人手較為短缺，經常需要加班或是互相支援同事的工作。」「公司對於接聽電話有一個規定，就是電話鈴聲響起，一定要在電話鈴聲的第三聲結束前，把電話接起來。」「有一天，我們部門裡，只剩下我在座位上，其他同事不是外出洽辦業務，就是去其他部門討論事情。這時候，我想去洗手間，但又找不到人幫我接聽電話，心想我只要動作快一點，應該不會這麼湊巧會有電話撥進來，就立即離開座位。」「在回到座位的路程上，就聽到我們辦公室的電話鈴聲正在響著，立刻加快腳步往辦公室衝，結果在接電話的那一刻，鈴聲停止了。」「以前的電話機沒有來電顯示，或是語音留言的功能，我無法知道未接到的電話是哪一家公司撥來的。」「由於和我們公司往來的客戶，都有一個訂貨的週期，我根據訂貨週期的

資料，列出最有可能撥電話進來的公司名單，再撥電話給這些公司，詢問他們是否曾在那個時間打電話到我們公司，撥了幾通電話之後，真的讓我找到這家公司了！」「聽到對方的回答，我非常的自責。」「這位先生說他們確實打過電話，但是電話鈴聲響了很久，都沒有人接聽，我們就將訂單給另外一家公司了。」「這件事一直放在我的心裡，那時我並未把漏接客戶訂單電話的事情告訴同事或主管。不過，這個錯誤一直讓我耿耿於懷，除了懊悔以外，我還告訴我自己不能讓這種事再度發生。」

　　以當今的科技設備，這種類似的事情比較不容易發生，例如，現代的電話具備未接來電或電話留言的功能，或是可以把桌上電話轉接到手機，但是客戶服務的工作，會因為小的疏忽而造成公司的損失，卻是有可能發生的。

 討論

1. 如果你是瑪莉，同樣沒有人幫你接聽電話，你會如何避免漏接電話？

2. 如果你是瑪莉的主管，你會如何處理這件事？

思考問題

1. 顧客忠誠有時被誤解或簡化為哪四點？為什麼？
2. 顧客忠誠度是哪三個重要特徵的綜合？
3. 顧客淨推介值(the Net Promoter Score, NPS)如何取得？
4. 根據顧客淨推介值，顧客就可以被歸入哪三個類型？
5. 何謂「不良利潤」？具體來說有哪些實例？

Part 3

發展篇

♥ Chapter 11　掌握顧客服務的優勢

♥ Chapter 12　掌握優質的顧客服務

♥ Chapter 13　學習在工作中專業成長

Chapter 11

掌握顧客服務的優勢

01 認識時代趨勢

02 電話服務優勢

03 網路客服優勢

「掌握顧客服務的優勢」是顧客服務兩項核心任務之一，另一項「掌握優質的顧客服務」將在下一章討論。本章討論的議題包括下列三個項目：一、認識時代趨勢；二、電話服務優勢；三、網路客服優勢。

01
認識時代趨勢

　　21世紀的商業經營不同於以往，以下討論影響顧客服務的四項時代趨勢：顧客的多樣性、社會的高齡化、商業的全球化以及顧客期望的變化。

　　讓我們花點時間回到第九章（〈03避免顧客流失〉）威廉斯夫人的例子，但這次是應用到你自己的公司，假定你流失一個顧客，而且那些統計數字在你的公司也成立，抽出一點時間計算一下結果。如果你任職的是一個非營利組織或者政府機構，銷售金額不能成為一個適用的指標，那麼你也可以計算一下被你和你所在的機關激怒或惹惱的人數。設想一下，你需要日復一日地與這些沮喪、憤怒、懊惱的人打交道，那麼你又要支付多少心理代價呢？

一、顧客的多樣性

　　時代的第一種趨勢是日益增加的顧客多樣性。無論你的業務是何種類型，你的顧客群體的性質乃是由背景各異的人群所組成，而且這一點是絕對比以往的可能性大得多了，部分是由於銷售能力擴展所造成，部分則是顧客的潛在群體的來源更加豐富的

結果。當今的許多企業都能夠擴張到超越文化和地理的疆域。例如，一個小型的網路銷售商可以很容易地接收來自全世界的訂單，只要那裡能連上網際網路。

隨著國際旅遊的日益普及，我們比以往更有可能要接待來自各種文化背景的人，世界在縮小，這使得我們必須深化對不同文化人群的認識，你總不能與你不了解的人建立關係。現在，企業面臨著政府監管和社會要求平等地對待所有人的壓力。因為種族、宗教、社會地位或者其他特徵歧視別人的情形，是不容許再發生了。雖然，偏見仍然存在，但正在變得不那麼公開和常見，在此同時，人們對偏見的忍耐度也降低許多。在顧客服務方面的職業精神，要求有一種發自內心的公平感和善意。一方面，不公平地歧視任何群體，都是非法的、不道德的，而且是不良的商業行為。另一方面，對於真正的敞開心胸，這也為我們提供了向他人學習、增長見聞的機會。

二、社會的高齡化

顧客和員工年齡上的對比正在變化，例如，有閒暇消費顧客的年齡越來越大，客服人員則依然保持年輕化，兩者的年齡差距越來越大，然而卻經常會反映在溝通問題上。現在你（特別在歐美日）隨便拿起一份流行雜誌，似乎上面都有討論關於「正在老去的嬰兒潮一代」(aging baby boomers)的文章。「嬰兒潮一代」是一個由第二次世界大戰之後出生的人組成的巨大人口群體，他們的購買力主導許多經濟體已經由來已久。當他們還是10多歲孩子的時候，製造商就按照他們的喜好設計產品和服務。當他們成

為住房擁有者、父母親，再成為祖父母的時候，針對他們喜歡的商業產品不斷推出，原因就在於這個人口群體巨大的購買力。這種情況仍持續著。

「嬰兒潮一代」仍然發揮著巨大的經濟影響力，但不僅僅是作為顧客，還作為僱員（內部顧客）發揮著他們的影響力。許多60多歲的人與他們上一輩的行為大不一樣，不少人計劃在超過傳統的退休年齡之後仍然繼續工作，儘管這其中大部分人希望從全職轉為兼職的任職方式。他們對坐在電視前面安享天年沒有什麼興趣。有些企業正在積極地發掘這個重要的僱員市場。美國退休人員協會(The American Association for Retired Persons, AARP)定期地發布對老年員工友好的企業名單。他們還從另一個方向來幫助解決這個問題：教導企業如何對年長的、有潛力的僱員（他們的內部顧客）更加友善。相信在台灣，這種問題遲早會浮現的，值得企業經營者提早準備。

個案討論：
明天的團隊

　　現代企業正面臨著艱難的抉擇，它們不僅要與同在一個區域國家的對手競爭，而且還要與來自全世界的對手競爭，這種激烈的競爭勢必要求員工不斷超越以往的生產效率和創新的水準。整個公司流程重組、結構精簡、收購兼併其他企業、或裁撤，但問題依然存在：富有經驗的、素質合格的員工來自哪裡？而越來越多的工作將會任用年老的員工。原因如下：

　　其一，工作團隊中所占比率最高的將是年齡在55～64歲的人群。與此同時，可以指望接替退休老員工的16～24歲年齡段的潛在員工越來越少，隨之而來的勞動力短缺，可能對企業生產效率和經濟增長產生負面影響。

　　其二，在那些要求高科技工作的企業，正在發生更為嚴重的職位短缺。很多工作（如工程師和科學家）將對數學、語言和邏輯思維方面有比以往更高的要求。

　　其三，在傳統上，由年輕員工擔任的服務性工作，合格員工的短缺越來越明顯。僱主們將不得不尋求新的員工來源，包括處於職業生涯中間階段和老年階段的員工。

這只是許多人力資源經理正在力圖使他們的工作內容，對優秀的員工，包括年老的員工，更有吸引力的部分原因。他們希望知道應當如何改進招聘方法、管理風格、培訓政策、工作安排、福利以及其他公司政策，進而吸引和保留各種年齡層次的有價值的員工。2013年1月8日新聞報導：人才招募困難。經建會8日參訪回台投資企業「可成科技」及「萬國通路」，這2家廠商均表示，人力缺乏成為返台企業最大的顧慮。可成科技董事長洪水樹說，可成線上作業人員，包括獎金及加班費的平均薪資約在三萬五千元至四萬元不等，但年輕人不願意留在台南工作，年長者又不適合輪值夜班工作的情況下，仍舊有員工不足的情形。萬國通路管理部協理黃國強指出，去年七月到九月，與行政院就業中心共同舉辦三場徵才活動，開出兩萬四千元到兩萬八千元薪資條件，雖不算很高，但在南部已經算不錯了，每場來了一百多個人，但三百個人知道工作內容是需要踩「針車」後，「男性都不願意做，女性又做不來」，最後一個人都沒招募到。

 討論

1. 如果你在公司是負責招聘員工，你將會採取什麼行動以應對本案例中描述的這些問題？
2. 這份資料與顧客服務有何關係？
3. 它所描述的是哪種顧客？

三、商業全球化

在我們所處的日益縮小的世界中，企業可以輕而易舉地與全球各地的顧客做生意，你的競爭對手可能處於另一個半球。我們都聽說過提供顧客服務的呼叫中心(call center)從印度或中國為美國的公司服務。在湯馬斯‧弗里德曼(Thomas L. Friedman)的暢銷書《世界是平的》(*The World Is Flat*)中，他講述了很多商業服務被外包到外國的事。例如，他說位於孟買的一家名叫安復仕(MphasiS)的印度公司「有一個印度會計師團隊能夠完成來自美國各個州以及聯邦政府的會計工作」。他接著解釋「這些印度的會計師們」如何「從位於美國的電腦伺服器裡直接提取原始數據，完成你的退稅申報……」這本書還進一步解釋眾多產品和服務如何可能、而且越來越必然地被外包到世界各地。

越來越多的員工面臨著到外國工作的機會。對於熟練的工作者來說，就業市場變得比以往任何時候都更加廣闊，就業機會遍布全球。

四、顧客期望的變化

人們在工作與生活其他方面的需求，也正在對顧客和員工的忠誠產生影響。尤其是員工覺得他們的工作不應該耗盡他們的生命，認識到這種平衡需求的公司，對員工的吸引力越來越大。同樣地，如果企業所提供的產品和服務，能使顧客享受更有價值的生活便利，這樣的企業會賺很多錢，並建立一個高度的顧客忠誠的基礎。最好的商業機會通常是那些向人們允諾可以進一步擁有

平衡而令人滿足的生活的機會，卓越的顧客服務能夠幫助人們達
到這些目標。

Chapter 11

掌握顧客服務的優勢

02
電話服務優勢

當代客服的三大有效工具：面對面，電話客服以及網路客服。根據客服實際操作比率，前面幾章論述背景是面對面的顧客服務，在此就第二項「電話顧客服務」進行討論。雖然電話客服過程簡單：顧客來電，立即應答，準備好，隨時處理來電。但是：什麼該做？什麼該說？如何恰當處理的學問卻很大。

一、基本電話優勢

電話響了一兩聲即應答，表達了提供服務的效率和意願；電話響的時間超過兩聲或者更長，致電者會有一種你沒空、他們的來電是個打擾的感覺，更糟糕的是，電話未得到應答的致電者會由此得到一個印象，就是你認為他們無關緊要。如果企業的電話系統會轉到一條告知延遲應答的電子留言上，那麼請務必使這條留言有效並且避免空洞的言語。電話接通時，企業的自動應答機會馬上說：「我們知道您的時間很寶貴，我們希望馬上為您提供服務。來電將按先後順序應答。我們為短暫的延誤向您深表歉意。」這就是一句相當不錯的留言。通常，我們聽到的是例如「我們所有的客服人員正在服務其他顧客。」這樣的表達，聽起

來更像一個藉口而不是道歉。要讓你的留言真正有效，並且確實考慮致電者的感受。

為了舒適和高效率地使用電話，你的工作環境一定要佈置合宜。把電話放在辦公桌的一個舒適順手的地方。把你經常需要的號碼清單準備好，還要把參考的資料放在隨手拿得到的地方。要把便條紙和筆放在手邊，以便隨時取用，並使用有空白欄位的工作計劃本盡可能詳細記下你與顧客的通話重點內容。要盡快記住致電者的姓名和聯繫電話，並簡要總結一下通話內容，特別是你需要追蹤(follow up)的任何承諾事項。

請注意：如果你承諾為致電者做什麼事情，一定要把事情記下來，並在完成時把它做記號。

二、進階電話優勢

進階的電話客服有下列四項「黃金規則」需要牢牢記住：使用稱謂，表示感謝，保持微笑，結束電話。

1. 使用稱謂

儘管稱呼你自己先生或女士聽起來讓人感覺太過於正式，但是不要想當然爾地認為，致電者會寧願你直呼其名。請使用適當的稱謂 (courtesy titles)來稱呼與你通話的人。如果不確定直呼其名是否合適，可在其名字後加上「先生」或「女士」這樣更正式的稱謂。如果致電者喜歡隨意地直呼其名，他們會在電話中說明的。正式總比太過隨意好。

稱謂和正式的頭銜可以創造可信度。如果你與其他專業人士

交談，請使用正式用語。如果一位醫生這樣自我介紹：「嗨，我是拉里，是你的腦外科醫生。」，你會感覺是不是自己聽錯了。即使你的公司奉行一種非正式的文化，但是不要認為其他人也是這樣。

2. 表示感謝

對致電者表示感謝。「謝謝」是人際交往中最有力的一句短語。要時常表達感激，有些企業將感謝作為問候用語：「感謝您致電本公司。」結束通話時的一句「謝謝您的來電」也能極大地提升顧客的滿意度。這樣可以再次向顧客表示，你非常樂意為他們服務，他們的來電絕不是侵擾和冒犯。

如果是投訴電話，感謝的話語仍然奏效。請記住，投訴者能成為我們最好的朋友，他們願意花時間向我們回饋意見幫助我們改進，就憑他們花時間打電話給我們，這一點就值得我們表示感謝。一句「感謝您讓我們注意到這個問題！」，如此就可以把談話從對抗的語氣變成了解決問題的口吻。

3. 保持微笑

雖然顧客沒有看見你的表情，依然要保持微笑。在你的頭腦中，想像那位與你通話的人，對待他就好像你正與一位朋友面對面。要讓對方感覺到你和藹可親、關心體貼而且能解決問題。說話時面帶微笑，你的這種情緒和表情會透過你的聲調，經由電話線感動對方。你可以在電話旁放上一面鏡子，以隨時提醒自己保持微笑。微笑有著強大的穿透力，能讓致電者切切實實地感受到。

4. 結束電話

　　一定要先結束通話再掛斷電話。如果是你打電話給別人，那麼可以由你來結束談話。你可以使用「感謝你的幫助」或「那正是我所需要的」這樣的結束語。如果你接聽別人打來的電話，一定要讓致電者把話說完。一個好的做法是，在通話快結束時只要問上一句：「還有其他什麼事情能為您效勞？」或者，根據企業的具體情況，你可以提供額外、具體的產品或服務。例如：機票代理商在結束通話前通常會問你是否「需要酒店預訂或租車服務？」

三、生氣顧客來電

　　善用策略和技巧來處理生氣顧客的來電。以下是有關處理生氣者來電的一些訣竅。首先，要了解處理生氣者的來電有兩個步驟：

　　其一，理解他們為什麼生氣？認識導致顧客氣憤或沮喪的三個根本原因，是因為人們：

(1) 感覺不被重視或不被當回事。
(2) 感覺很無助。
(3) 感覺不公平。

　　這樣的感覺我們都曾體驗過，所以試著體諒並認同生氣者的處境，畢竟這些事情又沒讓致電者變成一個壞人，他們不過是有一個不愉快的經歷，要盡量站在他們的立場考慮問題。

　　其二，用陳述句或問句來緩和他們的心緒，例如以下三種情

況：

1.「請說給我聽聽……」。

　　這是在鼓勵他們解釋生氣的由來。不要試圖對他們的感受進行抗辯或爭論，因為他們了解自己的感受，即使這種感受對你來說沒有多大的意義。接著，要讓他們知道你對他們的處境感同身受。

2.「我能理解為什麼你有那樣的感受」。

　　不要說「我完全明白你的意思」，因為你可能不明白。只要讓他們知道你對他們的想法有認知。

3.「你認為如何解決比較好？」

　　這句話開始將談話從感情宣洩轉移到解決問題上。盡量讓致電者自己來尋找一個合理的問題解決方案。當他提出一個可行的建議或想法時，你可以開始與之進行協商，最後雙方達成和解，致電者也就怒氣消除，心情也就平靜了。

四、金主來電

　　客服顧問要求企業在每一次電話鈴響時，就認為是他們的金主打電話來了。他也要求企業把他們的電話看得與他們的商品、營業額和員工一樣重要，對電話給予足夠的重視和興趣，把它看成是企業「品牌」的一個反映。在與每一個顧客接觸時，來強化品牌效應，這樣可以吸引顧客不斷打電話來，而這正是激發重複購買欲望所必需的過程。當你真的這樣看待撥打進來的電話時，

你的聲音裡就會多一點期待，而不是討厭接聽電話，你會開始把電話看成是一種銷售手段和工具。在一次電話交談的前30秒鐘內，人們對你的印象就已經形成了，在最後30秒鐘，他們就對你有了最終的評價。我們來看看一些打電話的訣竅，這些方式將推動那個最終的評價，進而發展成為一種持久的、積極的關係。

1. 深吸一口氣！

在你拿起電話前，深吸一口氣。我們大多數人都是「淺呼吸者」。我們呼吸短促，因此在接聽電話時，會給人有氣無力之感。深吸一口氣的目的，就是要你說的話讓人感覺你很喜歡你的工作，並且很高興有人打電話給你。練習深吸一口氣，並在那口氣的最高點接聽電話。然後，你接著用那口氣說話，致電者會感受到你聲音中的活力與能量。你也可以在打出電話時，進行同樣的訓練，在對方的電話鈴響時，開始深呼吸。

2. 自我簡介

報出你的全名、職務或企業名稱。諮詢家安妮·奧巴斯基(Anne Obarski)是這樣接聽電話的：「感謝您致電本公司，我是安妮·奧巴斯基，我能為您做些什麼能讓您有精彩的一天？」矯揉造作？也許吧；令人難忘？也許吧；友好和善？那是肯定的了。因為她的姓不太常見，所以這種打招呼的方式做自我簡介，這樣致電者就不會去想她那個姓該怎麼發音了。

3. 真誠以待

在某種意義上，我們所有的人都是問題的解決者。人們因為

一個問題需要解答而打電話給我們，不管問題是有關車該往哪個方向開，還是有關營業時間，或有關我們的商品，他們都會有一個問題，並且希望我們迅速、智慧、禮貌地予以回答。

4. 專心傾聽

當你接聽電話，就要把其他的事情都放下！說起來容易做起來難，想一想？你有多少次在辦公室裡一邊回電子郵件，一邊講電話，一邊聽iPod，還一邊喝著咖啡呢？顧客絕不喜歡被怠慢，也不喜歡你在通話時，還做著別的事情或不專心說明。我們可以想像顧客就坐在你的面前，即使你不認識他，這樣你就會提醒自己在進行一個雙向的談話。如果你還是不能專心地傾聽，那麼就顧客所說的事情記錄重點。如果可能的話戴上耳機聽電話，這樣你的雙手就都可以使用。透過做筆記你可以與顧客一起檢驗談話中的重點，以及需要關注的措施。

5. 鞏固成果

如果電話打得成功，那麼在電話交流的最初30秒鐘，你就能透過自己的聲音、語調和專注的態度，給對方留下了一個好印象。最後30秒將是顧客形成對你的最終看法的時間。為了使這最後的30秒成為一次積極的體驗，你可以感謝他們打來電話，並就你能夠解決的問題做一個複誦。最後，最重要的是，要感謝他們對你公司的支持。

03

網路客服優勢

　　網際網路是為了顧客服務而設計的最新科技。網際網路不僅是個理想的銷售管道，而且還是在售前和售後提供顧客資訊的理想管道。現在幾乎每一家企業都有一個網站來提供某些顧客服務。儘管電話依舊是顧客與企業溝通的主要方式，但是趨勢正在形成，以往傳統溝通的大部分的服務可望由網站和電子郵件來處理。如果你想要購買某件商品，你會有什麼樣的舉動？你會先在網路搜尋相類似的商品，然後到生產廠商的網站看看嗎？與打電話相比，你會更喜歡電子郵件或者即時通信工具來與商品供應商進行溝通嗎？有這樣想法的人越來越多了。

　　專家的研究顯示，超過2/3的顧客因為某些網站提供的服務和訊息比較不出色，而不願意購買那家企業的商品。顯然，網路和電子通訊變得越來越重要。我們來看看使用網路顧客服務的一些關鍵特徵。首先，顧客並不實際在場；其次，商家與顧客之間通常有某種網路通信軟體維繫。在這些條件下，顧客聯絡都有特定的方式和目的。

　　掌握網路客服的優勢是一項新的課題，目前尚無公認的好方式可用。以下僅提供原則性的觀點，包括：常見問題，延遲的答

覆，即時答覆，個性化答覆。

一、常見問題

第一項網路客服優勢：妥善處理自助服務的常見問題。從企業的角度來看，自助服務是在線客服(on line customer service)的最高境界，也就是顧客能夠運用知識庫(knowledge bases)來自我服務。所謂的知識庫就是有關常見問題(Frequently Asked Questions，FAQs)的答案訊息庫；知識庫有結構化和非結構化之分，結構化知識庫被組織成一個問題加答案的格式。而非結構化知識庫是顧客交互，例如顧客服務中的電子郵件溝通或電子公告板上的公告的資源庫。這些資源庫透過關鍵索引，讓顧客方便使用，以解決顧客的疑問。

常見問題(FAQs)一般包括主要的產品問題並配有簡短的答案，例如：

(1) 我的汽車定期保養的規範是什麼？

(2) 我如何用手機來讀取電子郵件或上網？

(3) 我如何取得優惠券？

通常，這些問題被統一擺放在網頁的頂部，並與頁面下方的答案進行超鏈接（超鏈接是網際網路上便用最多的一種技巧，它事先定義好了一些關鍵字或圖形，只要你用鼠標點擊該文字或圖形，就可以自動連上相對應的其他文件）。問題的排序是按照字母順序或是根據被提問的頻繁程度。對於顧客經常問到的問題，FAQs是提供訊息的有用方式。但這種靜態頁面存在的問

題是：為了找到一個答案，顧客得在許多問題的清單中，努力尋找一個與他們的問題相符或相近的問題。對於企業自身而言，管理FAQs是相對簡單易行的，但是對自助服務顧客來說就缺乏效率。

更加複雜先進的網站，可以透過關鍵字查詢常見問題。有一些網站提供可搜索的、自主學習的知識庫。它集合了有關產品或服務的所有智慧，與靜態的FAQs 不同，這個知識庫是動態的、不斷演變的，可以提供顧客自主學習，也就是說它會根據顧客的疑問進行自動更新。如此一來，知識庫就會隨著每個新問題的提出而不斷發展演變。在線知識庫使得顧客更容易獲得商品使用的任何資訊。

二、延遲的答覆

第二項網路客服優勢：避免延遲答覆。當顧客無法從自助服務網頁上獲取他們所需要的答案時，需依賴網路客服人員查尋到答案後，再依序回覆顧客的詢問。大多數網路顧客期望24小時內收到回覆，但實際情況是，電子郵件是單向溝通，所以產生誤解的可能性很高。延遲的溝通既沒有效率也不實用，所以有一些專家反對企業使用這種做法。當顧客無法在企業網站上找到所需要的答案時，電子郵件的數量就會更多，如此一來，企業不是去規劃一個有效的顧客關懷解決方案，而是花很多功夫處理大量的電子郵件，而這就是一個無效網頁的具體表現之一。當顧客自行尋找答案遇到麻煩時，電子郵件的數量通常就會增加。

三、即時答覆

第三項網路客服優勢：即時答覆。透過Live chat這樣的即時聊天工具，可以實現更理想的顧客服務。就在顧客們開始抱怨電子郵件反應速度太慢時，一些企業推出了在線聊天服務，在線聊天是「聊天室」的改良版，透過即時聊天工具，客服代表可與需要幫助的顧客進行即時溝通。所有的訊息都是基於文字的表達，雙方可以將問題和答案在電腦上打出來。通常，即時聊天工具都會提供完整的聊天記錄，提供顧客隨時查閱。在線聊天允許兩人或多人通過使用文字來進行雙向或多向對話。

聊天室的另一個變化是部落格(blog)的使用。部落格是指由企業或個人撰寫及維護的網路日誌。撰寫部落格的人可以引導關於企業的討論及塑造企業的形象。當許多人集合在網路空間裡，以討論某話題為樂時，他們就是在給予公開的、未經修飾的回饋意見和相關訊息。當人們在共享他們的服務經驗時，部落格就能發揮服務輔助的作用。當然，部落格不只是個發牢騷的地方，其威力甚至可使某個企業或產品，在人們心目中的形象變得不好。此外，部落格也可以成為一個訊息共享的站點，不僅能夠幫助顧客，而且也能實現人們之間的互助。不少企業都將部落格作為發布訊息和服務提示的一個額外選擇。以下是根據一個有關部落格的研討會，而總結出的一些要點和提示。

1. 將部落格作為一個即時的在線對話工具。如果部落格上，正在進行一個有關你的問題或你的企業的對話，那麼你有必要參與對話。

2. 記住80/20法則。世界上20%的人對其他80%的人怎麼想，有著巨大的影響，這20%的人就是積極閱讀部落格的人。

3. 了解在每天1.85億在線用戶中，有5,000萬人閱讀部落格。

4. 聯繫那些回應訊息的部落客。可以與他們進行電話會議，讓他們參與問題的解決。

5. 將你的CEO或總裁的想法或評論貼在部落格上，以表明你們樂意，並且以實際行動參與對話。

四、個性化答覆

第四項網路客服優勢：自助服務的個性化答覆。個性化服務——有關顧客具體問題的即時數據，是企業能夠提供的最理想的技術輔助服務。例如：你有一批重要零件需要在特定時間前被送達生產線，現在你想知道你的訂單處理得怎樣了？已經供貨了嗎？如果是的話，那麼它現在何處？它已經離開供貨商了嗎？已經通過海關了嗎？這些顧客的疑問對於網路化的跟單系統來說是小事一樁，顧客只要輸入快遞單號，幾秒鐘後就能知道貨物到了哪裡。

個性化自助服務的解決方案，依賴於用網路內容的即時資訊來滿足顧客的需要。網頁會根據顧客檔案動態地進行調整。例如，一位白金會員的旅客在航空公司的網站上查看她的預定行程，她會看到飛航狀態、機上菜單以及一張機場地圖，地圖上標明了靠近登機口的白金俱樂部貴賓室的位置。而乘坐經濟艙的旅客只能看到飛航狀態訊息。這種個性化服務為會員級旅客提供適

當訊息,進而在那些特別的商務旅客中,逐漸培養其對於飛機公司的忠誠度。

個案討論：
策略性優勢

　　從管理的觀點看，企業機構競爭優勢的基礎有三：資本優勢，市場優勢以及策略優勢，客服工作屬於策略性優勢。事實證明許多資本額不大，市場缺乏佔有率的小型企業，他們的成長只能靠策略性的優勢。當然，已經在前兩項佔優勢的大型企業，如果能夠善用策略優勢，更是錦上添花。以下的故事反映策略優勢的重要性。

　　有三位剛出社會的結拜兄弟亟需籌募就業市場的資金，於是決定前往山上與一位富有而且非常有智慧的人比賽機智，以便贏得金錢作為創業基金。比賽規則是：每個人自己訂比賽規則，前提是金幣必須要全部拋向空中，以便贏得獎金。於是有智慧的人拿出三把等量的金幣放在三位年輕人的前面。並說：「給你們15分鐘的時間，規劃如何與自己比賽。」時間到了，由老大先登場，先說明比賽的規則：在地上畫一個大圓圈，然後把面前的那把金幣拿在手上往上拋出，掉在圈內的屬於他，掉在圈外的金幣則還給有智慧的人；為了避免金幣掉到圈外，老大拋金幣的高度很低，於是獲得了70%的金幣。隨後由老二出場，先說明比賽的規則：在地上畫一個小圓圈，然後把面前的那把金幣拿在手上往

上拋出，掉在圈外的屬於他，掉在圈內的金幣則還給有智慧的人；為了避免金幣掉到圈內，老二把金幣拋得很高，結果獲得了90%的金幣。最後輪到老三，他想：大小高低的優勢都沒有了，該怎麼辦？於是老三只能在策略上變化，他的比賽規則：站立地上不畫任何圓圈，然後把面前的那把金幣拿在手上往上拋出，掉下來的都屬於他的，沒有掉下來的則歸還給有智慧的人。他打破高度與廣度的限制，隨意往上拋出金幣，結果獲得了100%的金幣。

 討論

1. 從這個案例獲得什麼策略性的啟示？
2. 當缺乏天時與地利優勢時，如何尋找突破？
3. 如何應用策略在職場競爭上佔優勢？

思考問題

1. 顧客的多樣性，對於顧客服務帶來什麼樣的挑戰？

2. 社會的高齡化，需要如何加強顧客服務？

3. 湯馬斯・弗里德曼(Thomas L. Friedman)的暢銷書《世界是平的》(*The World Is Flat*)，最主要是描述哪些情形？

4. 如何做好恰當的電話客服？

5. 面對生氣顧客來電，身為客服人員如何做好心理準備？在實際操作時，又應該注意哪些關鍵？

6. 從顧客的角度，最好的企業常見問題(Frequently Asked Questions，FAQs)必須具備哪些特色？

7. 部落格(blog)的使用，可以給企業客戶服務帶來哪些利益？

Chapter 11
掌握顧客服務的優勢

Chapter 12

掌握優質的顧客服務

01 掌握重要任務

02 掌握建設性工作

03 避免浪費時間

04 掌握團隊合作

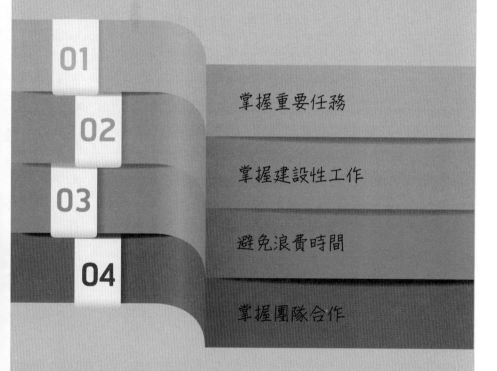

當客服工作者在工作中表現出色時，或者當他們完成重要的任務時，常常會有一種滿足感並且覺得渾身是勁。換言之，個人的生產力（對企業的貢獻）既能讓自己獲得滿足感，也能增強安全感。針對客服工作者來說，前一章「掌握顧客服務的優勢」的重點在於客服工作團隊，在這一章則指出個人能夠「掌握優質的顧客服務」，是另一個針對個人工作的關鍵。以下是關於掌握對顧客服務的優勢的四項工作議題，這些技能將使你成為一個對企業更有價值的人，也將使你成為一個更具效能的專業工作者，將讓你的個人生活更加豐富。內容包括：掌握重要任務，掌握建設性工作，避免浪費時間，掌握團隊合作。

01

掌握重要任務

　　掌握優質的顧客服務的首要工作，是要把所有精神與注意力放在最重要的任務上。為了達到最大的生產效率，你必須了解所做工作的隱含價值。生產效率是使用有限的時間和資源來完成有價值的工作的過程。所謂有價值的工作，便是指它們不會因瑣事和不重要的事而變得次要。為了將工作重點放在有價值的事情上，你需要了解你任職企業的使命和核心目標(core goals)，同時，你還需要清楚自己的核心價值(core values)。如果你的工作是提供顧客優質的服務，而且，這確實是企業的一個核心價值，那麼你將從按部就班的服務顧客工作中獲得最大的滿足。因此，將工作重點放在最有價值的事情上，這是改善時間管理的首要技能。

一、確認核心價值

　　掌握重要任務的第一要事是確認工作的核心價值，它是指你（或你所在企業的領導者）認為最令人想要和最有價值的特質。價值越清晰，工作者（你）就會花越少的精力，去做那些耗時的與不合意的工作。有清晰的價值指標，你可以就有關時間的運用

與努力的方向做出更快、更好的決定。聽取高層管理者和心理學家的建議，使價值澄清(value clarification) 成為一件優先考慮，並且是具有職業水準以及掌握優質的顧客服務非常關鍵的第一步。

花時間認真澄清你的核心價值以及了解你任職企業的核心價值。要澄清價值的一個好辦法就是首先給價值命名。用一個標語來強調那個概念。例如，你可以識別以下概念的價值：1.卓越的顧客服務；2.銷售專業技能程度；3. 健康與活力；4.財務安全；5.個人效能；6.領導力等等。

二、賦予積極意義

當你給某個價值項目取了名，就是賦予積極意義。接下來你可以用幾個標語來描述，當這個價值在你工作現實中會是什麼樣子？以下是三個核心價值如何得到澄清的例子：兩個與工作有關，一個與個人相關，而你的價值一定要用自己的話來描述。命名和描述價值能為評估你所面臨的任務提供一些標準。當你先完成那些支持你的價值目標任務時，其他工作也許就不重要了，甚至是浪費時間的。

1. 價值名稱：卓越顧客服務

價值描述：我的工作目的是為了滿足每一位顧客的需要。解決顧客問題是我首要的事情，我講求效率努力做，並且保持一種友好的態度。

核心價值：我讓顧客與我們交易成為一件有趣的事情。我用特別的獎勵回饋忠實的顧客。

2. 價值名稱：專業銷售技能

價值描述：我保持專業人士在銷售上的積極態度。我閱讀銷售出版物並且將新思想運用到實際工作中。我設定富有挑戰性的銷售目標並且以實現這些目標和滿足顧客需要作為日常工作的重點。我運用銷售技能幫助顧客對他們需要的產品做出購買的決定。

核心價值：我在所有的買賣交易中誠正信實，在銷售後，我與顧客保持密切的聯繫。

3. 價值名稱：健康與活力

價值描述：我經常鍛鍊身體，無不良嗜好。我保持著適當的體重，我經常做身體檢查。

核心價值：我透過日常訓練計畫、目標設定與獎勵自己完成訓練計畫，來保持精力充沛。我慢跑、打網球、游泳，還會與親友做社交活動，來釋放多餘精力與舒緩壓力。我認為生活非常有趣，充滿了活力與希望。

個案討論：
顧客黏著性

　　2012年12月14日媒體報導指出，在三星和蘋果競爭激烈中，蘋果佔了顧客黏著性優勢，就連三星電子的一位高級主管也在家裡使用頻果產品 iPhone與iPad。

　　AppleInsider 2012年12月13日報導，三星電子(Samsung Electronics Co.)(005930-KR)係蘋果(Apple Inc.)(AAPL-US)強力競爭對手，然而一位公司高層主管卻承認，在家中他用的產品是iPhone、iPad，而這得歸功於蘋果產品的「黏著性」風格體系。三星美國、南韓創意策略總監Young Sohn接受《麻省理工技術評論》(*MIT Technology Review*)採訪，並透露他偏愛蘋果緊緊連結客戶的生態體系。Sohn在8月新加入三星團隊，他承認蘋果是個「非常創新」的公司，是三星的顧客同時也是激烈競爭對手。他表示蘋果的生態體系「黏著性」很高，購買系列產品相當方便，而自己總是使用iPhone和iPad等產品。Sohn相信一點，消費者們最受吸引之處並非設備本身，而是蘋果緊密連結的產品體系。

根據以上的個案報導，反映一個重要的事實：一項受顧客歡迎的產品，除了品質優良之外，還需要能夠讓使用者感覺使用方便與貼心，這就是所謂「顧客黏著性」。

Chapter 12
掌握優質的顧客服務

02
掌握建設性工作

　　掌握優質的顧客服務的第二項工作是：掌握富有建設性的工作。透過日常計畫，可以把精力放在富有建設性的工作上。使用一個計畫管理方法來記錄你的行動計畫，並追蹤關鍵訊息。有些人選擇使用電腦、PDA（個人數位助理）或智慧手機的數據儲存與運算功能。

一、四項原則

　　儘管許多技術深受許多人的歡迎且非常實用，也還是有不少人依舊偏愛使用那種很有歷史感的日常計畫表，甚至是日曆來管理他們的日常活動。選用對你來說最適合的方法，但是切記，無論使用哪種方法都要能夠符合以下四個原則。

1. 對每一天的任務進行列表和分配優先等級。
2. 記錄筆記和後續訊息。
3. 要顯示出你的目標和價值（如果目標和價值需經常審視，可將其列入日常活動中）。
4. 要對那些經常查閱的資訊——特別是地址、電話號碼、電子

郵件地址、重要日期、顧客偏好等等，進行有條不紊的歸檔。

為了使你的工作更具成效，在開始每天的活動前，先花上個10分鐘左右進行規劃。確立當天的目標，重讀你的價值陳述，讓你對即將到來的一天做好精神上的準備。有數據顯示，使用日常計畫管理的人如果能按優先順序行事，他的生產效率可提高25%。

二、四個步驟

在四項原則之後，制定日常計畫的一個簡要過程，包含四個步驟：

1. 第一步：每天列出一個優先級任務清單

優先級任務清單(priority task list)就是當天需要完成的重要事項。此時事項的重要性還不是我們關心的重點，這一步驟的重點是培養列出每項任務的習慣，並且弄清楚哪些是例行性任務，而哪些是需要完成的重要事項。

2. 第二步：給每一事項分配一個優先等級以顯示其重要性

在必須做的事項旁邊標記上字母「A」。A優先級表示任務很重要，因為是你的工作所需或者是因為它們能推動你向目標的方向前進，必須馬上完成。A優先級每天只分配給少數幾項最重要的任務。用字母「B」來標示應該做的事項，這些是值得花時間做但卻沒有A優先級任務重要的事情，或是還沒有到最後期限

的事情。字母「C」用來註明可能要做的事項，也就是值得列出來並值得做的事情，但條件是你將A優先級和B級的事項都做完了。

突發性的且看起來很緊急的任務可能並不重要。不要對緊急的事情過度反應，除非它對你的目標和價值也很重要。如果當天突然出現意想不到，但很緊急的任務，將該項任務添加到任務清單中，並用星號「★」註明。確保這些打了星號的任務是既緊急又重要的事情！如果是這樣，放下你手中的工作，將這項任務先完成，星號應該很少被使用。有時候，一項需要你立即處理的突發性任務並不是那麼重要，如果該項任務的完成對你的工作或目標非常關鍵，那麼就著手做這件事情。不然的話，分配給它一個次要優先級，稍後處理；要學會區分重要性和單純的緊迫性。

3. 第三步：檢查任務完成或變更情況

當你完成日常計畫列表中的某一項任務時，用以下這些符號中的一個來標明。

以（／）記號指任務已完成，並用紅筆註明以提醒自己成效如何。

以（→）記號指任務已重新安排。當會議延遲、開會時間更改或今天任務無法完成，但在未來需要完成時，使用這一符號。注意：任何時候使用這一符號時，切記要給任務重新訂立一個時間表。此箭頭符號表示你可以暫時將任務擱置一邊，但是它應該出現在新的日程表上。

以（＊）記號代表任務已委派給其他人。在被委派的任務旁

用一個圓圈註明，將任務被委派人的姓名詞首大寫字母標入圓圈內。當任務經被委派人完成時再把它勾掉。

以（×）記號代表任務已取消。如果你覺得任務不再重要，或因其他情況發生變化而取消該任務時，可使用這一符號。用這一符號註明的任務不須重新安排一個時間表。

4. 第四步：要遵守你的計畫，使你的優先級計畫工作切實被執行

不要看著註明為A-1的任務說：「我實在是不想做這事兒。先瞄一下註明為A-2(或A-3或B-1)的任務並且先做那件事。」如果你先做次要優先級而非A-1，那麼你就違背做計畫的目的。富有成效的一天指的是完成了任務清單中A類任務的一天，此外，你的計畫系統中應該有一個地方用來安排約會時間表，還應有一個地方用來記錄筆記。筆記功能是用來記下你與他人交流的意見、電話、想法、思想、或其他任何時刻得到的點滴資訊，不要用小紙片或便條紙來記錄下這些東西。切記將你所有的筆記放在同一個地方，不要將資訊潦草地記在一個信封的背面，這樣肯定會因到處亂丟而找不到。日常計畫避免了做那些沒有什麼成效的事情，你會不時地問自己：「現在，我最好做什麼事？」看看你的優先級任務清單，從中找出答案。

03

避免浪費時間

　　掌握優質的顧客服務的第三項工作是：避免浪費時間。浪費時間的事情能讓人產生巨大壓力。當我們感到自己沒有完成應該完成的事情，整天都在做虛功之時，壓力就會出現。工作上最浪費時間的六件事情是干擾、無效溝通、額外的文書工作、拖延、過分完美主義以及超負荷操作。以下介紹一些有關的應對技巧

一、干擾

　　「干擾」是浪費時間的最大罪魁禍首。我們應該堅決地拒絕干擾，態度要友善而乾脆。如果有人問你，「有空嗎？」你該回答說，「我現在真的沒空。我正在處理一個顧客問題。大約20分鐘後，我再找你行嗎？」當你面臨干擾之時，可以透過安排時間，來減少被干擾的次數。每天預留一個彈性時段，表示在該時段你可以被「干擾」。如果有人突然造訪，問問他能否在你指定的時間裡來找你？

二、無效溝通

無效的溝通是浪費時間的第二大問題。首先，溝通要選擇適當的媒介。如果打個電話就能辦到的事情，那就不要寫信。如果需要親自拜訪來解決一個敏感的問題，那就不要發郵件（即使拜訪需要花更多時間）。現在多花一點兒時間，就有可能解決發郵件解決不了的問題。其次，要歡迎回饋，當你在指導別人時，要鼓勵他們就不清楚的問題追根究底，指導時多花一點時間，就能節省日後解決問題所要花的精神。向顧客解釋複雜的事情時，要確保他們明白你計劃做什麼，或是他們接下來需要做什麼。如果想了解他們明不明白指示或解釋的內容，不妨採取一種非評判性的方式對他們進行反問。

此外，要讓其他人（包括你的上司）始終清楚你的優先級工作計畫。每天花5分鐘的時間，就你的工作計畫進行討論，這樣做可以讓別人了解情況，讓其他人了解你的工作重點，並且確保你的工作很有成效。如果你無法面見上司，可以透過一張便條，來告訴他你的工作計畫。舉個例子：

親愛的謝先生：

　　這是我今天的工作計畫：首先我要調查A公司的計費問題，我將回電該顧客，並弄清楚到底是怎麼回事；完成這項工作之後，我將重新審閱6月份的顧客回饋資料，並著手撰寫新的客服代表注意事項。

三、額外文書工作

額外文書工作，特別是繁瑣多餘的文書工作，是浪費時間的第三件事。原則：每一份檔案只處理一次；對於收到的每一封信、每一份備忘錄或每一個文件，你要學會馬上做決定而不是延遲行動的決定。可以運用RAFT方法：

R (refer)　——轉交給其他人。
A (action)　——立即行動（根據要求馬上做或立即反應）。
F (file)　　——歸檔以方便將來的處理。
T (trash)　——丟掉（不要讓垃圾檔越積越多）。

首先，歸檔時要特別注意。人們通常會保存那些再也用不著的東西，如此一來亂七八糟的東西就會越堆越多。事實上，研究顯示，95%超過1年的檔案根本不會再使用。及時清理你的檔案（包括電腦上的檔案），盡可能地丟掉或刪除那些用不著的東西。除了保留法律或政策所需要的資訊，其餘的可一概扔掉或刪去。其次，要清潔並整理你的工作區。把那些分散注意力的垃圾都扔掉，力求有一個乾淨整潔的桌面，或是風格簡約的工作空間；將常用的物品放在近旁而不是到處亂放。第三，你要透過剪報來減少閱讀材料的數量。一本雜誌中的大部分內容都與你的工作無關，剪下或撕下有用的東西，然後把其他部分都扔掉。同理，列印電子檔時也應根據自己的需要，將列印文件數量極小化。

四、拖延

拖延是浪費時間的事情之四。針對拖延問題，有下列四個對策。首先，要明白你為什麼會拖延。心理學家指出，拖延有三大原因：

(1) 對失敗，有恐懼。
(2) 對成功，沒信心。
(3) 對抗拒，有欲望。

其次，要看看你的拖延屬於哪一種情況？然後盡可能予以克服。處理恐懼的最好辦法是讓自己經歷恐懼；就是走出舒適的環境，去嘗試新事物。如果你碰上一個特別棘手的顧客問題，就先處理這個問題，那麼當天其餘的事情，就變成無關緊要了。如果拖延是因心理反抗而引起，那麼不妨問問自己這樣做到底有什麼好處？是否值得？

第三，使用你的日常優先級任務清單。先做最麻煩的事情，克服困難，然後享受一天剩下的時光；使可怕的任務變成遊戲、與其他人或與你之前的表現展開競賽。設法超越你最近一次的表現。

第四，對於拖延，如果別無他法，咬緊牙關撐過去。

五、過分完美主義

對完美的過分追求是浪費時間。有些事情用不著完美，追求完美會浪費許多時間。的確，我更喜歡一位崇尚完美主義的腦外科醫生或文字編輯，但是不少日常工作，「差不多就行了」。

首先，你可以運用「準備－射擊－瞄準」哲學(「ready-fire-aim！」philosophy)：

(1) 徹底全面地考慮你的想法（準備）。

(2) 嘗試（射擊）。

(3) 觀察和根據需要，修正結果（瞄準）。

其次，嘗試新的顧客服務思惟。沃爾瑪(Wal-Mart Stores, Inc.)的創始人山姆‧沃爾頓(Sam Walton)倡導使用這種方法。透過這種方法，他不斷鼓勵員工嘗試新的顧客服務思維，而不僅僅停留在思考的層面。讓你自己做點什麼事，然後再做必要的調整。

第三，你得承認事實上所有的思想、產品和流程都要經過一個修改以達到完善的過程。品質的改進是永無止境的，不要因刻意追求完美而裹足不前。

六、超負荷操作

超負荷操作是浪費時間的事情之六。竭盡所能完成那些以目標為導向的、基於價值的活動。如果一項任務不能以某種方式讓你的生活增添價值，那麼就乾脆別做。對於那些不重要的、不能推動你向著職業目標或個人目標方向前進的任務要保持警覺，堅決予以拒絕。在此同時，你要接受每個人的能力是有限的這一事實，沒有人能什麼事都做得成或每天都達到巔峰工作狀態；要給自己預留一些休閒時間，在這期間你可以得到好的心理與生理的調節。

04

掌握團隊合作

　　掌握優質的顧客服務的最後一項工作是：掌握團隊合作，也就是有效地得到他人的合作，甚至能夠委派他人，即使你不是上司。委派是最重要、最有力的掌握團隊合作策略。如果你能委派工作，那麼你就有時間做其他事，還有什麼可能比這個更有效的呢？委派工作不需要是上司才能做，事實上，只要其他人比你能更有效、更經濟地完成某項任務，你都應該將這項任務委派出去。如果需要有效管理時間、減小壓力，你就需要善用委派。關於委派的重點：委派可能帶來的種種好處，了解為什麼有人會在委派的問題上猶豫不決，明白委派為何會失敗，以及怎樣才能提高委派的有效性。

　　再強調一遍，委派對於更好地管理時間至關重要。委派工作不一定是上司才能做。例如：當你把車開到洗車場，你就是在委派，讓其他人替你洗車是在為你爭取一些寶貴的時間；當你請配偶在下班回家的路上，順道買麵包和牛奶時，或當你請一位同事在外出吃午飯時，將一個包裹送到郵局時，你都是在委派。

一、委派的重要

對管理者來說，委派是增強團隊功能的重要關鍵。管理，就是運用和透過他人的努力來完成工作。如果你想獨自一人完成所有的工作，那麼你就不是在管理。儘管看起來你自己完成某項工作更單純些，但是從長遠的觀點來看，委派和教導其他人執行，對提高你的生產效率是相當重要的。因此指導部屬做好自己的工作，或者委派適當工作給他們做，對你和他們來說都是有好處的；能夠委派的任務越多，你就越有時間完成其他的事情。雖然如此，人們還是會因為各種的原因，而在委派工作時，猶豫不決。以下有四個注意事項：

1. 避免對他人缺乏信心

被委派的工作可能不會完全像你所希望的那樣完成，或者根本就無法完成。有過幾次不成功委派的經歷會讓你產生疑慮。克服這種疑慮的最好辦法，就是增加委派，直到你完全了解他人完成任務的能力。

2. 避免任何事都要自己做

你也許能做要委派他人做的任何事情，但這不是重點，真正的問題是你是否該自己做；你自己做是否是在最有效地利用你的時間？如果不是，那麼就委派他人去做。

3. 不要擔心得不到認可

你會因自己的效率而受到好評，至於到底是誰完成那項工作，卻無關緊要。主管們都知道工作最有成效的人，絕不是獨自

一人做事；相反，他們是以最有效的方式，透過他人的努力的方式，來完成重要的工作。委派的能力是被高度被注重的。

4. 排除沒有時間或缺乏所需的技能來解釋被委派的工作

有時候，委派工作所要花的時間，會比你自己來做這件事，所要花的時間更長。從長遠的觀點來看，這是錯的；如果委派的工作是一項需要反覆做的事情，那麼你有二種選擇：現在花時間指導其他人來做這件事，或是一直花時間自己做。最後你會發現，你以委派買回了自由，也換回了寶貴的時間。

為確保委派的有效性，你要樂意做到以下三點：

(1) 把權責交給他人。
(2) 給他人自由與職權來執行被委派的任務。
(3) 花時間指導他人。

在團隊中，有了委派，可以提高效率；沒有委派，你就只能獨自完成事情，然後累倒自己。

二、委派的失敗

委派為何會失敗？以下四點是容易導致委派失敗的原因：

1. 委派工作，但未能保持溝通管道暢通。

解決方案：讓被委派任務的人知道，他們可以就不明白的問題向你請教，也可以請你檢查他們做得怎麼樣？你也會給予有意義的回饋與指導。

Chapter 12
掌握優質的顧客服務

2. 委派工作，卻不能容許犯錯。

解決方案：不要讓人感覺到，因無心之過而受到不恰當的或嚴厲的批評。對於不可避免的錯誤要有寬容之心，要容許別人有犯錯的空間，並且從中吸取經驗與教訓。

3. 委派工作，卻沒有對被委派的任務進行追蹤。

解決方案：要表達一種持續關切的態度，隨時了解被委派工作的進展。

4. 委派工作，卻未能對其充分授權以完成任務。

解決方案：告訴相關的人，你已經授權他人來做這件事。舉個例子，如果你要某人對其他員工進行訪談，以調查研究一個問題，那麼要確保其他員工知道，對他們進行訪談是被授權批准的；對被委派的任務要進行宣佈，讓大家知道是怎麼回事。

　　總之，所有的工作，特別是團對工作，都會產生一些壓力，而有些壓力是有益的。工作者所面臨的挑戰不是消除壓力，而是管理壓力。將壓力保持在合理限度內的一個最有效方法，就是時間管理和任務管理。要管理日常壓力，我們需要澄清那些是最有價值的任務，並且按優先順序來完成所有任務。任務的優先順序是由我們的個人價值來決定哪些活動是重要的。用一點時間和精力來澄清個人價值以及設定合適的目標，這對我們保持正確的發展方向來說，是非常有益的，一旦這些過程成為我們的習慣，就

能為我們帶來巨大的回報。

此外，我們還可以透過委派來減少不當的壓力，首先要排除那些會使我們不願意進行委派的因素，我們應該努力將他人能夠更好地完成的任務，都委派出去，以便提高團隊的效能。如此一來，我們就有時間專注於那些與我們的個人價值密切相關的任務，而完成那樣的任務會給我們帶來極大的愉悅和滿足。

三、團隊合作精神

最後，培養團隊合作精神是掌握團隊合作的最大關鍵。沒有人能獨善其身地工作，我們所付出的努力也會對他人產生影響。團隊合作透過減少無謂的、沒有成效的工作而使時間和任務管理更上一層樓，員工與上司之間的有效合作需要四個必要條件：資訊可獲取性、支持性、可靠性和忠誠。

1. 資訊可獲取性

保持資訊交流管道暢通。員工與上司之間應有一個自由交流資訊的環境。為了增強彼此間的信任，你必須尊重其他人的想法，即使你不同意其他人的意見時，也應如此，開放溝通管道，讓彼此保持資訊暢通，鼓勵大家就顧客溝通的情況展開討論，包括成功的經驗和失敗的教訓。無論員工是因有效的電話溝通而獲得顧客好評，還是因工作失誤而受到顧客批評，你都應持接受的態度，大家相互學習，相互促進，一起提高。

2. 支持性

大力支持其他人的工作。你要關注其他人的工作，並在體能

上、精神上和情感上給予幫助和支持，特別是當你們其中的一員正面臨著不尋常的壓力時，要伸出援手，這樣才能建立彼此間的信任。同時，你要向上司提供盡可能的幫助，他也有可能為你做同樣的事情。另外，你還應該不遺餘力地解決棘手的顧客問題。

3. 可靠性

嚴格遵守可信賴之道。你可以透過良好的判斷和周全的考慮，來預測工作的處理情況，在最後期限前，有效地完成工作，這才是令人放心、使人信賴的。如果某位顧客需要後續服務，你還要確保完成應有的後續服務。

4. 忠誠

保持獨立而不失忠誠。合作雙方（多方）的忠誠才能建構信任。如果兩方的任一方擔心共用資訊可能在己方利益受損的情況下，被另一方所使用，那麼雙方間的信任將不復存在。為了自己的立場，請接受有時候你需要據理力爭的這一事實。注意這樣做要講求策略性，也要堅定果決；尊重他人的不同意見，不要讓坦誠的分歧，破壞了彼此的信任。

客服故事：
布里吉特快瘋了

　　「從來沒有人說過，接待顧客一整天會是一份輕鬆的差事」，布里吉特的上司這樣說道，「但是你得保持冷靜。我希望你想清楚，怎麼樣才能最大限度地做好你的工作，而不出現任何戲劇性的情況。你不能藏在女廁所裡或是開溜不工作，這對其他員工來說是不公平的。不，布里吉特，你必須把握好這項工作，否則……」她聳了聳肩，拍了拍布里吉特的背，然後離開了。

　　幾天前，在當地的煤氣和電力公司工作了近半年的布里吉特，被調到收費處幫忙。收費處是那些選擇臨櫃繳款，或是有計費問題的當地居民來的地方。自從煤電漲價後，收費員的工作壓力更大了。顧客們抱怨煤電費上漲，就常常拿員工出氣。布里吉特對她的收費工作進展得相當順利。總的來說，她不想離開，但是每過幾分鐘她就要接待一位顧客，而且他們幾乎每個人都會對費用大發牢騷，這實在是讓她受不了。當然，這份差事只是暫時的。再過幾天，過了月底的收費高峰期後，她就會回到原本的職位上。也許她會請病假，避開這幾天的工作。

討論

1. 如果你是布里吉特的頂頭上司，你會對她說些什麼呢？

2. 布里吉特去怎樣才能緩解顧客所帶來的工作壓力呢？

3. 布里吉特如何應用本章所討論的概念，來調整她的工作？

思考問題

1. 價值澄清(value clarification)的意義與用處是什麼？
2. 為什麼當你給某個價值項目取了名，就是賦予積極意義？請舉例說明。
3. 管理日常活動，無論使用哪種方法都要能夠符合哪些原則？
4. 制定日常計畫的一個簡要過程，包含哪四個步驟？
5. 如何避免干擾？
6. 如何排除無效的溝通？
7. 如何避免繁瑣的文書工作？
8. 委派的重點有哪些？
9. 委派失敗的原因有哪些？
10. 員工與上司之間的有效合作需要四個必要條件是什麼？

Chapter 13

學習在工作中專業成長

01 學習挑戰自我

02 掌握經驗傳承

03 發展專業成長

個案討論：
認真與當真

　　「認真與當真」是反映工作者心態與管理者老闆關係的新概念，王品集團董事長戴勝益2013年6月15日在台大畢業典禮致詞時指出的，他說，「你認真，別人就會當真」，勉勵學子卡位不重要，因為「成功不是第一個出發的，而是最後一個倒下的」。

　　王品集團董事長戴勝益日前一句「月薪低於5萬元不要儲蓄」，引發正反兩面討論聲浪，他15日出席台灣大學畢業典禮，再度成為媒體追逐的焦點。他在演講會場上還鼓勵畢業生，每天要看《經濟日報》或《工商時報》，甚至訂報，從頭看到尾，這樣1年後，才可以和老闆、上司討論各種事情；其次是要理論與實務結合，除了學校理論，要有決心與耐心，努力1萬個小時、約5年，才能成功，他勉勵畢業生要勇敢追求夢想、勇敢創業。他並以自身座右銘「你認真，別人就會當真」，勉勵學子卡位不重要，因為「成功不是第一個出發的，而是最後一個倒下的」，如果崇尚卡位理論，在沒有充分準備創業，反而會有反效果。

　　戴勝益當日穿著合身剪裁黑西裝出席，褲子只要800元、手戴900元手錶，他也建議學生不要學成功者行頭，要學成功者的努力，「行頭越壯觀，朋友越少」，台大人也不需要用行頭壯大

自己，「台大人隨便穿吊嘎就很有信心」他說，「很多人以為這是成功者象徵，但其實更應該去學這些行頭背後的努力。」

　　請思考：這個案例對客服工作者的專業發展帶來何種啟示？

客 服工作者的生涯之成敗，牽涉到許多因素，包括個人生涯目標，工作動機，身心健康以及專業能力等等，其中以專業能力最為關鍵。換言之，個人的專業成長扮演了關鍵的角色：假使個人的專業能力能夠持續學習而增長，不但成就自己的專業生涯，同時也與服務的企業一起成長。根據這個前提，本章討論三個項目：學習挑戰自我，掌握經驗傳承以及發展專業成長。

01
學習挑戰自我

　　人類除了生存性質的本能活動外，其他的知識性活動都是透過學習獲得的。學習使人類的智能得以開發，使我們了解到已知的世界，更重要的是使我們認識到未來世界，使人類的視線、思想與觀念得以延伸。人類的學習是以個人掌握學習的形式，把前人累積的知識經驗傳授下去。它以語言與文字的形式，透過人際交往進行。這種學習，是有目的、有計劃、積極主動的。人的學習是多層次、多面向的複雜過程。學習對客服工作者而言，是一項重要的自我挑戰，讓自己透過學習來發揮更有成就的專業生涯。探討的內容包括下列三個項目：學習的基礎，學習的過程以及學習的發展。

一、學習的基礎

　　專業的學習也需要從學習的基礎開始。從心理學的觀點看，學習的關鍵在於認識學習的本質與學習的規律，因此，凡是由個人經驗引起比較持久性的行為變化，都可以稱為學習。由於研究問題的角度不同，衡量學習的標準不同，學習心理大致可分為三大類：刺激──反應理論，認知理論以及人本主義學習。

1. 刺激——反應理論

刺激——反應理論，簡稱「S－R理論」。這種學習理論包含以下三個重點：

首先，學習是一個無特定目的、漸進過程，以及透過不斷地嘗試，然後錯誤反應減少，正確反應增加，最後在刺激和反應之間，產生了固定聯結。

其次，隨後的理論發展，要把S－R區分為「不學而能的刺激——反應」以及「獲得刺激——反應」兩種。前者的學習是指：面對自然刺激而產生的反應，例如，幼童使用餐具或跨越欄杆；後者則是指：先刺激然後產生的刺激學習，例如，在已有的圖畫中加上色彩。如果把學習稱為「習慣強度」，其關鍵在於學習的強弱與強化的次數的增減、保持時間長短成為正比。透過強化，學習者在刺激——反應之間產生了穩固的熟練聯結。

第三，把學習稱為「操作條件作用說」。它把條件作用區分為「S」型和「R」型。S型條件作用是一種與刺激相關的反應，是由可觀察到的刺激引起的，是一種應答性行為。R型條件作用則是一種觀察不到的外來刺激的反應，這是「操作性」行為。在學習過程中，R型操作條件作用比S型應答性條件作用重要，人類的條件作用幾乎都是操作性的。

2. 認知理論

認知理論，包括格式塔學派和認知學派兩類。

首先，格式塔學派認為，個人的感官能夠知覺到的是對象的整個「形式」或「樣式」，但會出現缺口或不完整，學習是為了

「彌補缺陷」，因此人的知覺就要不斷地組織和重新組織這些「形式」或「樣式」，使之完整，這個過程就是學習。他們認為是隨著個人對問題各部分之間關係的認識突然領悟的，所以這種理論又稱為「頓悟說」。

其次，認知學派認為，學習是「認知結構」的組織和重新組織。簡單地說，學習透過一定層次組織的知識體系，然後認知結構則透過累積獲得的，關鍵在於認知結構和新的學習內容產生相互作用。新的學習內容以原來的認知結構為基礎，對同一個學習內容不同的認知結構產生不同的感知和理解；經由學習過程，認知結構發生變化，或者同化新的學習內容，或者改造原來的認知結構，或者產生新的認知範疇，以接納新的經驗和其他因素。

3. 人本主義學習

人本主義的學習理論包括以下兩項論點：

首先，指出在學習活動中，學習者是主體，是整個學習過程的中心，任何強制命令、嚴厲的制約以及填鴨式的教學等等都會傷害和打擊學習者的學習興趣及學習的積極性。他們主張，應該尊重學習者，重視他們的意志、情感、需要、價值觀；應該信賴學習者的自主性，人人都能夠從學習中獲益。

其次，在學習過程中，應該誘導學習者，激發學習者的學習動機，發展學習者積極向上的自我概念和價值觀體系。因此，指導學習者掌握有效的學習方法，使學習者能夠自己指導自己；應該促進學習者，培養自身的獨立性、創造性，更好地發展智能。因此在人本主義學習理論中，發展出異彩紛呈的現象，對於教學

與學習過程的理解，以及學習活動的主體是學習者，然後發揮學習者自己在學習中的主導作用。

二、學習的過程

客服工作者在了解學習基礎後，然後進入討論學習的過程。專業學習在學習過程中，有兩種因素影響，一種是智力因素，另一種是非智力因素。

1. 智力因素

智力是保證人們成功地進行認知活動的各種穩定心理特徵的綜合。首先，它是由觀察力、記憶力、想像力、思維力，及注意力這五種基本心理因素組成。其次，動機在智力活動中的作用是相當大的，動機是在需要刺激下，直接推動人進行活動，以達到一定目的之內部動力。動機使人的活動具有選擇性，動機越強，行動的目的性越明確，前進的動力就越大。第三，興趣也不可忽視，興趣是個人積極探索事物的認識傾向，興趣使人對有興趣的事物給予優先注意，積極地探索，並且帶有情緒色彩和嚮往心情；興趣以認識和探索某種事物的需要為基礎，是推動人去認識事物及探求真理的一種重要動力，是一個人學習活動中最活躍的因素。有了學習興趣，便會在學習中產生極大的積極性，並產生某種執著的、積極的情感體驗。

2. 非智力因素

非智力因素，是指除了智力與能力之外的，又與智力活動效益發生交互作用的一切心理因素。首先，良好的非智力因素能提

高智力水準。例如，一個人的責任感、堅持性、自信心、勤奮等會影響智力水準的提高。其次，各種非智力因素在人們的學習、工作、生活中具有十分重要的作用。學者專家認為非智力因素在智力活動中，對智力的發展具有動力作用、定型作用和補償作用。第三，動力作用是指學習的需要以及表現形態，如理想、動機、興趣、價值觀、信念、世界觀等組成的個性意識傾向性以及情緒、情感等因素，它是引起學習者學習進而使其智力與能力發展的內驅力。第四，定型作用，例如產生意志、培養氣質。第五，補救作用，例如勤奮不懈，以時間來彌補智力行動不足之處。

三、學習的發展

情感的調控與意志的培養，在學習發展過程中，都具有重要意義。

1. 情感的調控

情感是人對事物所持態度的體驗。情感是一種對智力活動有顯著影響的非智力因素。積極的情緒具有正面作用，而消極的情緒具有負面影響。情感對人的智力活動的影響：

1. 情感能激勵人的求知行為，改變行為的效率。積極的情感，可以提高學習效率，起正向的推動作用，消極的情感則會干擾、阻礙求知行為，降低學習行為，起反向推動作用。
2. 情感對智力活動具有組織作用，即情感是智力活動的組織者，對人的感知、注意、記憶、思維、想像、智力因素具有

調節組織作用。高尚的情感是人們從事工作、學習和勞動的巨大的動力。

3. 發展正確的需要，需要是情緒與情感產生的基礎。一般而言，正確的需要會使情感具有正確的傾向性，不正確的需要會把情感引入歧途。

4. 提高挫折容忍力。每一個人在追求成功的過程中，不可能事事順心，而是要艱辛的勞心勞力，有時還得承受失敗的打擊，不能因暫時的失敗而一蹶不振，拋開失敗帶來的悲觀情緒，保持積極樂觀的態度，重新出發。

2. 意志的培養

意志是人們為了實現預定目的，而自覺調節自己的行動，克服困難，以實現目的的心理過程。在智力活動中，意志的作用是確立認知的目的，選擇活動的方式，然後付諸行動。透過意志的調控作用，可以克服困難，使活動順利進行。意志可以提高智力活動的力量和效率，當一個人了解活動的價值意義之後，就會運用自己的積極性，加速並提高前進的動力。個人根據條件的變化，遇到不符合形勢需要時，適當地減速，以保證智力活動穩步展開，這是一種積極的減速。意志所具有的作用，主要有三個：

1. 對外部活動的調節作用。意志對行為的調節，確保行為的目的方向性，其結果就是預定目的之實現。

2. 可以調節人的心理狀態，它不僅可以調節注意力、思維等認知過程，還可以調節人的情緒狀態。

3. 調節作用還包括兩個層面：其一，是使認識具有目的性，使

認識更加廣泛而深入。其二，是完成對學習和認知活動的主動調節作用，不斷排除智力活動中的各種困難和干擾，不斷地調節、支配自己的行為，向既定目標前進。

Chapter 13

學習在工作中專業成長

個案討論：
第三產業

　　第三產業：服務業。通常指不生產物質產品、主要透過行為或形式提供生產力並獲得報酬的行業，即服務業。服務業目前於已開發國家，包括台灣的產業比重約佔70%以上；於部分開發中國家比重大約55～65%。

　　屬於服務業的行業主要有：貿易、飯店餐飲、大眾客運、倉儲物流、會議展覽、金融保險、房地產仲介、商務顧問、公共服務、民防、個人化服務、社區服務、社會工作及電信通訊產業等。

 討論

　　根據這個背景資料，確實反映服務產業在整個國家經濟與國民就業中所扮演的重要角色。

02

掌握經驗傳承

對每一個人來說，能夠掌握自己的本能，並對那些生活所需具備的遠見與知識，已成為社會價值體系的重要環節。作為一位客服工作者，如何在商品生產、流通和消費過程中累積經驗，以便掌握經驗傳承，是一項重要的課題。

一、商品文化

現代人們很容易把文明的理想，包括那些經過世代努力所獲得的最高成就，都包含在物質財富和文化財富當中。文明的內涵主要存在於財富本身之中、存在於獲得財富的手段之中，甚至存在於財富分配的管理之中，這使得人類的共同交往，成為可能的事；而一切文化傳統、風俗習慣、規章制度都在維持這種共同生活準則，其目的不僅在於影響財富的分配，而且在於保持這種分配。更重要的是，現代商品的內涵已由過去的簡單貨物概念，延伸為具有廣義經濟價值的程度，它不僅涉及商業、貿易、產品設計、品質標準、包裝配送物流等領域，而且深入到對商品的審美、使用、及不同心態的大眾消費領域。

現代商品的生產技術、產品性能、用途、產地及標識等等，

是透過大量生產來完成的，它包括了產品品質、產品檢驗、產品標準、產品分類、產品包裝、產品運輸、產品維修保固等多個環節。同時，也要以滿足市場消費者需要為中心，樹立競爭與獲利的觀念，並且關心社會整體利益，例如防止空氣、水質污染，維護消費者的權益與安全。由於商品市場的變化會反映到人的心理活動中，也會產生不同的情緒與心態，所以，消費者的心理、傾向、欲望對現代商品的生產與流通，具有強大的影響力。

商品文化的發展是以物質生產的累積為基礎，它包含兩種內容，一是由人力所創造的有形的具體實物，例如衣服、食品、房子、汽車、報紙、機器等等，二是由人力所創造的抽象事物，例如理論、學說、道德、習俗等等。根據西方學者的意見，人可以視為社會化的高級生物，彼此之間充滿著激烈的競爭，以適應各自的生存與繁衍。學者認為，人是具有理性智慧及各種需要、欲望的生命複合體；一方面，人要服從自己的生物性特徵和生存需要，另一方面也是做為具有知識理性和團體生活心態的行為者。

二、商品識別

人們接觸商品而產生購買的欲望，主要是透過視覺的形象感官、經驗的認知判斷，以及生存的基本需要來決定的。絕大多數的商品，都與人們生活的歷史連續性有關，例如服裝、食品、生活用具、交通工具以及房屋等，都是在文明的發展過程中，被不斷改進、不斷演變而來的，人類不僅因此獲得了創造商品的知識和能力，而且透過知識和能力的逐步提高，又擴大了商品生產的水準；在這個基礎上，人們才能夠持續去創造財富，並享受獲取

財富的歡樂。

在使用標示上，通常會對商標名稱和圖案規定得較為嚴格，要求在外觀、讀音和意思上，不能與已經註冊的商標雷同，以及與其他各國所規定的原則都不能違反，否則，被視為侵犯智慧財產權或違反商標管理法規。此外，許多國家和地區對商標名稱、圖案還有特殊的禁忌，例如伊斯蘭教地區忌用黃色、瑞士忌用黑色、巴西忌用紫色、還有英國人不喜歡山羊、法國人忌諱核桃，及日本人認為荷花是不吉利的圖騰等等。可見，商標或品牌中的文化傳統因素，是喚起人們心理認同的最主要原因。

一般說來，商品在產銷中的獨佔性和穩定性是相對的，它會隨著歷史、文化的變遷，不是繼續獲得、誘惑消費者的意志，就是被市場淘汰的命運。對於那些低風險產品，消費者容易受品牌的歷史、包裝色彩以及宣傳廣告的影響，而那些高風險產品，則容易受地域、顧客、技術品質和服務等因素的影響。最近的研究顯示，人們比以往更常試用和改換產品的品牌，因此，更促使商品本身要表現出前瞻、品質和服務的內容。

三、顧客選擇

在實際生活中，每個人都有機會進行各種選擇，而尋求情感的滿足是選擇過程中的一個重要原則。近年來，一些學者發現，人們的經濟活動往往不是嚴格按邏輯模式行事，例如利率上揚時，儲蓄率並未增加；利率下降時，儲蓄率反而增加了。還有，多年來的暢銷品突然滯銷了，一直滯銷的商品一下子又成了熱門商品。一種產品的暢銷往往取決於廣告的作用，而不是產品自身

的內在品質，這代表人們主要根據自己的興趣、愛好、價值觀，及對未來的期盼等因素來決定經濟行為。研究人們的好惡、需求、利益和心態動機，在購物或消費行為中的影響，導致了商品心理學或心理經濟學的產生及其應用。

對於商品，可以從兩個方面來加以認知：

1. 從商品的技術體系和使用價值上分析

包括說明商品的實用性、擬定商品的品質指標和檢驗方法、確定最適宜的包裝、儲存和運輸條件及方法、制定商品的生產標準、商品的科學分類，以及廣告和經營策略等等。

2. 從商品的實際獲利和社會流通方面分析

包括那些影響商品銷售和使用的各種文化心理因素，例如市場需求的科學預測、有效的經銷網的建立、消費者的購買動機及其心理活動、消費者的購買行為和交易程序，及相關商品後續生產的決策等等。

作為商品識別的商標，在現代市場經濟中顯得尤為重要。因為在商品流通和消費的環節中，商標成為區別不同生產廠商的標誌，象徵其競爭力和市場佔有率，甚至是專利的展現。過去，以手工業為商品生產的主要方式，商品種類不多，市場範圍不大，人們很容易分辨商品的標記，即使不用商標，也容易找到該商品的生產製造者；現代商品種類繁多，消費者與大多數商品的生產者之間，不太可能建立直接的聯繫，只能藉助有法律保障、具有信譽性質的商標來連接買賣關係。

人們在選擇品牌時，主要是滿足兩方面的要求：

1. 品牌與功能相同，在產品競爭時，最能喚起消費者的記憶、聯想和情緒的。例如美國常常以牛仔形象作為促銷菸酒的標誌，這是因為牛仔代表了年輕、粗獷、豪邁、獨立、男性化的表徵與欲望，容易受到男性認同和女性青睞。

2. 品牌的投射性，例如，美國某化妝品公司推出的一種護膚化妝品，原來的定位是強調防患皮膚癌和防曬功能的護理作用，消費者對此商品十分冷淡，後來公司將產品定位為護膚保健品，強調能促進皮膚光滑、色彩亮麗、充滿性感魅力，其含義由Kill（死亡）轉換為Kiss（接吻），使它由冷門商品變成非常暢銷。

在市場上選擇商品，消費者能夠表示他們需要什麼樣的商品和服務、什麼樣的設計和品質，及什麼樣的價格等等，但是，絕大多數人感覺他們花錢得到的價值不如從前多，商品和服務的品質正在下降，也得不到足夠的市場訊息，有些人則是受到劣質產品的傷害，而很多商品廣告甚至誤導消費者。因此，由顧客需求所驅動的企業，其含義並不僅僅是生產和銷售商品，而是提供真正的價值與服務，這樣才能達雙贏的局面。

03

發展專業成長

　　客服工作者在發展專業成長過程中，一定會面對專業發展。換言之，要努力學習以充實自己、獲得豐富的現代專業知識。專業發展內容包括：商業發展，經銷策略，市場變化，價格與服務。

一、商業發展

　　客服工作者專業發展的首要課題是：認識商業發展背景。商業發展背景建立在下列三個基礎：生產中心，市場機制，消費中心。

1. 生產中心

　　傳統的經營思想是以生產為中心，以產品促銷為出發點，即製造廠商按照自己的意願和專長，先把產品生產出來，然後再由商業經銷組織銷售，或派推銷業務人員去各地推銷。在工業資本主義條件下，對利潤的追求，仍然來自人們長期形成的產品依賴性，所以誰是商品的生產者，誰就是經營的獲利者。

2. 市場機制

由於市場經濟具有一種內在的行為準則，而每個人必須遵守這種準則。當價格上漲，購買者減少購買時，而銷售者會設法增加銷售；當價格下降，購買者欲增加購買時，銷售者卻惜售。購買與銷售之間構成了一種難以調和的矛盾，顯然，這不是道德所能解決的問題。這意味著，每個人在從事商業活動時，必須是理性地分配他們的利益，分享各自應得的餘額。

3. 消費中心

隨著現代科技和社會生產力的迅速發展，人們對商品的需求量日益增加，企業之間的競爭也越來越激烈，而市場的自由選擇權已經掌握在消費者手中，所以出現了以消費者為中心的新型經營觀念。這樣，研究產銷心理與消費心理的相互變化及其內在規律，導致了產銷心理學的產生與發展。

二、經銷策略

客服工作者專業發展的第二課題是：認識經銷策略。早在1930年代，面對西方經濟蕭條的局面，美國心理學家古德‧吉尼斯在他撰寫的《如何將人變成金錢》一書中，針對消費者心理變化對商品銷售的影響，論述了經營者和廣告人員所應具備的個性素質問題。另一位西方學者傑斯坦特，將經銷術與廣告術作了區分，他提出，廣告是針對普通的人群而發佈的，是誘導大眾消費的，而經銷卻是有目標、有針對性的商品買賣，它是根據人群中的某一些人特定的心理規律，以及某個企業的實際需要來進行

的，因此，經銷人員與購買者之間建立某種心理溝通是必要的，強調經銷活動應該注重技巧和策略的運用。

1. 經銷心理學

1990年代以來，西方已開發國家以及那些後起的工業化國家，都出現了消費品供應面臨飽和的狀況，這種銷售壓力的增大，使人們越來越關注經銷心理學的研究。一些學者認為，消費者的行為方式是經常變化的，過去很成功的促銷手段，現在可能已經完全不適用。同時，商店經銷的目的是將商品賣出去，而購買又必須是消費者完全自願的行動。因而企業管理人員和經銷人員必須具有適應消費者心理變化的各種素質，這些素質包括從業人員的個性心理特徵，情感品質，意志能力等，而經銷人員的心理素質和能力水準反映在經營活動中，就導致了商業行為和效益的不同。而最為關鍵的是將消費者視為商品交易的主宰，並因此制定有關經銷的方針和策略。

2. 經銷策略

(1) 產品策略

企業要開展市場經營、發展企業行銷、轉變生產觀念，就必須對未來產品的需求量和種類的變化趨勢作出科學的預測，並制定自己的產品策略，例如產品壽命的週期分析、產品競爭能力分析、產品規格的選擇、產品的商標和包裝策略等等。

(2) 定價策略

價格作為重要的經濟槓桿，在市場經營中具有十分重要的作

用，定價策略包括對工業產品及一般生活用品的研究，例如產品出廠價格、批發價格和零售價格等，也包括對產品價格構成的研究，例如生產成本、流通費用、稅金和企業資金成本等等。

(3) 行銷策略

產品生產出來以後，如何把它們及時、合理地投入市場，而成為顧客的消費品，是行銷策略的主要內容，它包括推銷產品的各種手段和辦法，例如產品宣傳、人員推銷產品、商品展售會、銷售服務、技術推廣、培訓銷售人員等。

(4) 國際貿易策略

透過對國際市場的研究調查，充分了解國際需求的狀況，選擇有利於產品進入國外買方市場的通路和形式，挑選適當的新產品，提高企業適應國際市場的能力。

三、市場變化

客服工作者專業發展的第三課題是：認識市場變化。有關市場行情的變化，也是客服工作者應當密切關注的，因為行情可以反映出商品交易過程的變化情況和供需關係的特徵。

1. 交易過程變化

商品交易過程的變化情況和供需關係的特徵包括：

(1) 市場價格與交易情況。

(2) 經濟環境或商品市場的一般狀態和發展趨勢。

(3) 具體商品形態的後續生產流通等。

(4) 對市場發展趨勢的預期或預測。

　　值得注意的是，市場行情的變化與經濟活動的循環波動、季節波動、不規則波動、隨機性波動常常呈正比關係，而企業經營與倒閉、就業與失業規模、工資變動與購買力狀況、大眾消費心理及社會變化趨勢等等，都是影響市場行情變化的重要因素。

2. 週期變化

　　在一般情況下，行情週期變化包括：危機、蕭條、復甦和高漲四個階段。

1. 在危機階段，生產、流通和消費指數下降，失業、企業倒閉和利率下滑等等，都表示市場行情惡化。
2. 在蕭條階段，各種指標均處於低水準，行情不景氣，市場銷售也處於低潮。
3. 在復甦階段，各種指標有所回升，投資者和消費者都有信心，行情開始有所好轉。行情的預兆變化，對金融業如股票、證券、基金等影響最大，此外是對企業生產和銷售也能產生較大的衝擊，像社會衝突、自然災害、政治事件等等變化帶來的行情預兆，也會導致人心浮動及市場不穩定。
4. 在高漲階段，由於復甦階段所帶來的信心，讓經濟市場的參與者，都能在經濟決策與行動中，獲得甜蜜的果實，也同步推動整體社會的經濟規模與發展，使各項經濟指標都呈現快速成長。

四、價格與服務

　　客服工作者專業發展的第四課題是：認識價格波動與售後服務。在一切經營活動中，價格是最為敏感的，這是人們對生活品質和消費水準的心理變量的預測值。另外，產品的售後服務，已成為現代經銷活動的不可缺少的環節。

1. 商品價格

　　在理論上，商品價格是由廠商來預測，由市場營運情況來確定，其基本要求是：第一，規定產品的價格，要最大限度貼近價值，就是接近社會基本勞動的消耗；第二，價格必須相當於消耗的生產價值和勞動者為自己勞動所創造的價值；第三，價格必須圍繞價值規律來運行，就是以市場經銷的導向來制定合理的商品價格。總之，價格體系是由生產力發展的水準、社會經濟結構、國土資源環境以及歷史特點決定的，但隨著市場經濟的完善，消費的心理趨向已經成為影響價格波動的重要因素。

2. 售後服務

　　產品的售後服務，既是現代經銷活動不可缺少的環節，也是消費者評價商品信譽的重要心理條件。由於消費者要求商品在使用過程中和使用後，能夠感到安全、可靠，所以他們希望了解產品的原料構成、使用方法等知識，希望了解商品使用後，是否產生不良後果？例如家電產品、化工產品、藥品類的商品，消費者都有一種要求保險的意識，因此，經銷部門應針對具體情況，採取相應的售後服務措施。這些售後服務作為經銷的重要內容，是

溝通工廠、商店、消費者之間的橋樑，更是實施信譽第一與顧客
至上經營方針的憑據。

客服故事：
假使有更多時間

「主管，我就是沒時間做完所有的事情。」巴倫抱怨道。「我正在做某件事，然後我發現還有另外兩件事情需要完成，而且做起來就好像沒完沒了。」

「請你舉個例子」，巴倫的上司哈理特說。

「好的。今天早上我必須將那份寫了好幾天的關於顧客伯金先生的報告完成。我坐在辦公桌前，看著那份報告，但是一個字也寫不出來。於是我走到休息室喝杯咖啡。當我在那裡和薩拉聊天時，我突然想起來，忘記給一位顧客寄發生日賀卡。如果我不寄發生日賀卡，那我的麻煩就大了。於是沒與薩拉多談，就趕快回到我的辦公桌前，找空白賀卡。無意間，我又發現了上個星期我一直在找的一份檔案，隨手就把檔案放在我的印表機上面，我從一堆賀卡中，竟然找不到一張合用的賀卡。於是，我跑去買生日賀卡，在那裡碰巧遇見以前的女朋友，不過我與她沒有多聊。回來時，我發現郵票用完了，於是我只好跑了一趟郵局。」

「這麼說來，你還沒做成什麼事，對吧？」哈理特問道。

「是的，沒有。不過在這個時候我已經意識到了自己需要加倍努力而且要專注。所以我關上了辦公室的門，把我桌面上的所

有東西都清理掉了，並開始在電腦上修改我那份有關伯金先生的報告。不過就在那時候，我的電腦當機了！不能存取硬碟，也不能重新啟動。於是我拔下插頭，我打電話給IT人員，但是沒有找到人，只好電話留言。我又一次陷入了困境。」

「然後你做什麼了？」

「我放棄了！我決定早點吃午飯，等我精神變好時再回來處理。不過，我在用餐時碰巧遇見了比爾·布萊迪，他告訴我他正在開辦的新業務。主管，他提出了一些很酷的想法……」

 討論

1. 假設上述描述就是巴倫平時工作的樣子。你會給他什麼建議來提升他的時間管理？

2. 根據這一案例，說說過去24小時你所做的事情。是否你也像巴倫一樣分心，而沒有把時間和精力放在對你來說真正重要的事情上？

3. 你是如何應對那些不重要的、讓你分心的事情的？

思考問題

1. 刺激——反應理論，簡稱「S－R理論」。這種學習理論包含哪三個重點？

2. 何謂學習心理的認知理論？

3. 學習心理的人本主義學習，其重點是什麼？

4. 學習過程中，智力因素的影響有哪些？

5. 學習過程中，非智力因素的影響有哪些？

6. 情感對人的智力活動的影響有哪些？

7. 對於現代商品文化，你有什麼看法？

8. 購買商品時，你會注意品牌或價格？為什麼？

9. 商業發展背景的三個基礎是什麼？

10. 經銷策略包括哪些？

11. 如何決定商品價格？

後　記

　　本書出版之際，正好立法院召開臨時會（2013年7月30日）審查政府簽訂的「兩岸服務貿易協定」。這項以服務業為主題的貿易協定，自簽訂以來，引起廣大社會的關注。大型企業掌握資本與資源優勢，大力支持此協定，準備到廣大的中國市場開疆闢土；相反的，則是中小型企業及家庭式服務業即將面臨陸資服務業者瓜分台灣這個有限的市場，憂心忡忡，堅決反對。以目前執政國民黨在立法院的絕對優勢，確定難以撼動政府的決策。筆者以顧客服務管理的觀點提供以下的參考：

　　首先，掌握資本與資源優勢並不能保證絕對馬到成功，大家可能已經淡忘了外國廠商以客服為主的大型企業夾資本優勢來台灣企圖大展宏圖，結果卻是鎩羽而歸，包括瑞士的「萬客隆」與日本的「八百伴」。同時，小資本業者若能夠掌握品質與服務靈活的小而美優勢，依然大有可為。記得剛過世蘋果創辦人賈伯斯在車庫創業的故事，大家應該記憶猶新。換言之，事業經營的成敗，資本與市場的大小並非絕對相關。

　　其次，事業經營成敗的相對因素，則是顧客服務的品質。若要具有顧客服務的競爭優勢，需要掌握優質的顧客服務內容與技巧，以及堅定的經營管理理念。以王品餐飲企業集團經營發展的趨勢看，除了獲取營利之外，同時更要兼顧優質服務的維護以便持續經營發展。我們可以從戴勝益董事長所發表的言論中證實這一點。在以人力為主的顧客服務行業中，包括量販、餐飲旅遊、休閒、精品、汽車、金融保險以及房地產等等，挑選有潛力的人員並提供適當的培訓，包括職前訓練及定期與不定期的在職訓

練，更包括人力資源的儲備與訓練。為了這項需要，本書《顧客服務管理》除了提供大專課程授課的「教師手冊」，另外提供企業培訓用的「客服訓練手冊」。

第三，企業經營決策者CEO有必要隨時提升經營管理的理念與策略。由於並非人人有機會上EMBA課程，自我學習顯然是必須的。從顧客服務觀點來看，最有效的辦法是重視與顧客對話，從中了解並滿足他們的需要。數日前（2013年7月23日）《經濟日報》報導，明基電通產品技術中心總經理陳其宏以明基顯示器B2C為例，分享明基如何清楚詮釋、傾聽消費者需求的過程。為了更了解消費者需求，明基向電玩世界冠軍希頓（HeatoN）與史邦（SpawN）請益，也針對顯示器販售國家，拜訪該國電玩遊戲最強的團隊，針對他們為了獲取勝利，需要何種特性的顯示器？主動了解顯示器有何缺失應該改進等問題。明基懂得抓住目標市場、調整產品經營策略、符合消費者需求，以及清楚的品牌定位，讓明基顯示器市占率不斷攀升，也成為大型電玩競賽指定的贊助廠商。

最後，為了滿足經營管理決策者、管理者以及執行者自我學習的需要，筆者將於近期推出以「管理心理學」為首的一系列參考書，包括《投資管理》，《商業談判》以及MP3 CD，與讀者經驗分享。

林仁和

Agape Education Center
New Jersey, USA
2013年8月2日

後　記

Evenson, Renee (2010) *Customer Service Training 101: Quick and Easy Techniques That Get Great Results*

————————— (2011) *Customer Service Management Training 101: Quick and Easy Techniques That Get Great Results*

Gallagher, Richard S. and Carol Roth (2013) *The Customer Service Survival Kit: What to Say to Defuse Even the Worst Customer Situations*

Harris, Elaine K. (2009) *Customer Service: A Practical Approach* (5th Ed)

————————— (2012) *Customer Service: A Practical Approach* (6th Ed)

Kinni, Theodore (2011) *Be Our Guest : Perfecting the Art of Customer Service*, (Rev. Ed)

Lucas, Robert W (2008) *Customer Service Skills for Success*

————————— (2011) *Customer Service Skills for Success*

Spector, Robert and Patrick D. McCarthy (2012) *The Nordstrom Way to Customer Service Excellence*:

Timm, Paul R. (2010) *Customer Service: Career Success Through Customer Loyalty*, (5th Ed)

————————— (2013) *Customer Service: Career Success Through Customer Loyalty*, (6th Ed)

Yellin , Emily (2010) *Your Call Is (Not That) Important to Us: Customer Service and What It Reveals About Our World and Our Lives*

Appendix
附錄

- Appendix 1　能力測驗與諮詢
- Appendix 2　專業證照介紹

Appendix 1

能力測驗與諮詢

01 人際關係

02 自我控制能力

03 助人動力

04 情緒控制能力

05 處理衝突能力

06 負責能力

07 溝通能力

08 應變能力

「能力測驗與諮詢」是根據顧客服務工作操作上需要的一般性能力要求而設計的，一共有八個項目。每一項目分為兩個部分：測驗與諮詢。測驗部分的設計是希望通過生活上的議題來反應特定能力的測驗，這是一般性與概括性的測驗，測驗的結果僅供讀者個人參考。諮詢部分則是根據測驗部分的議題作進一步改善建議。

一、人際關係
二、自我控制能力
三、助人動力
四、情緒控制能力
五、處理衝突能力
六、負責能力
七、溝通能力
八、應變能力

01
人際關係

甲、測驗

請對下列各題回答「是」或「否」的選擇。

【 　】1.你平時是否關心自己的人緣？

【 　】2.在餐廳裡，你一般都是獨自吃飯嗎？

【 　】3.和一大群人在一起時，你是否會產生孤獨感或失落感？

【 　】4.你是否時常不經同意，就使用他人的東西？

【 　】5.當一件合作事情沒做好，你是否會埋怨合作者？

【 　】6.當你的朋友有困難時，你是否時常發現他們不打算來求助你？

【 　】7.假如朋友們跟你開玩笑過了頭，你會不會板起臉，甚至反目？

【 　】8.在公共場合，你有把鞋子脫掉的習慣嗎？

【 　】9.你認為在任何場合下，都應該不隱瞞自己的觀點嗎？

【 　】10.當你的同事、同學或朋友取得進步或成功時，你是否真心為他們高興？

【 　】11.你喜歡拿別人開玩笑嗎？

【 】12.和自己興趣愛好不相同的人相處在一起時，你也不會感到趣味索然、無話可談嗎？

【 】13.當住在樓上時，你會往樓下倒水或丟紙屑嗎？

【 】14.你經常指出別人的不是，要求他們去改進嗎？

【 】15.當別人在融洽地交談時，你會貿然地打斷他們嗎？

【 】16.你是否關心和常談論別人的私事？

【 】17.你善於和老年人談他們關心的問題嗎？

【 】18.你講話時常出現一些不雅的口頭語嗎？

【 】19.你是否時而會做出一些言而無信的事？

【 】20.當有人在交談或對你講解一些事情時，你是否時常覺得很難聚精會神地聽下去？

【 】21.當你處於一個新團體中時，你會覺得交新朋友是一件容易的事嗎？

【 】22.你是一個願意慷慨地招待同伴的人嗎？

【 】23.你向別人吐露自己的抱負、挫折以及個人的種種事情嗎？

【 】24.告訴別人一件事情時，你是否試圖把事情的細節都交待得很清楚？

【 】25.遇到不順心的事，你會精神沮喪、意志消沉，或把氣出在家人、朋友、同事身上嗎？

【 】26.你是否經常不經思索就隨便發表意見？

【 】27.你是否注意赴約前不吃大蔥、大蒜，以及防止身上有酒氣？

【 】28.你是否經常發牢騷？

【　】29.在公共場合，你會隨便喊別人的綽號嗎？

【　】30.你關心報紙、電視或網路等訊息中的社會新聞嗎？

【　】31.當發覺自己無意中做錯了事或損害了別人，你是否會很快地承認錯誤並作出道歉？

【　】32.閒暇時，你是否喜歡跟人聊聊天？

【　】33.你跟別人約會時，是否常讓別人等你？

【　】34.你是否有時會與別人談論一些自己感興趣而他們不感興趣的話題？

【　】35.你有逗樂兒童的小手法嗎？

【　】36.你平時告誡自己不要說虛情假意的話嗎？

評分標準

　　第1、10、12、17、21、22、23、27、30、31、32、35、36題答「是」記1分，答「否」記0分，其餘各題答「是」記0分，答「否」記1分。各題得分相加，統計總分。

　　你的總分_____

30分以上：人際關係情況很好。

25~29分：人際關係情況較好。

19~24分：人際關係情況一般。

15~18分：人際關係情況較差。

14分以下：人際關係情況很差。

乙、諮詢

　　人際交往是人類共同的心理追求，同時也是人類最基本的社會活動，更是客服工作的基礎能力要求之一。良好的人際關係能夠提高社會價值感，增進社會適應能力，形成樂觀的人生價值觀，使個性健康與工作發展得到保證。相反，不良的人際關係和人際交往障礙，會影響人的心理健康。因此，很多心理學家將良好的人際關係和人際交往列為心理健康的標準之一。那麼，有哪些行為特徵不利於與多數人建立和諧的人際關係呢？對客服工作者，以下有七個項目問題需要思考與檢討改善。

1. 自私問題

　　自私是人的一種個性特徵，是人際交往中一種嚴重的心理障礙。自私的人為人處事以自己的需要和興趣為中心，關心的角度從自己的經驗去認識和解決問題，似乎自己的認識和態度就是他人的認識和態度，而且他們固執己見，不容易改變自己的態度，盲目地堅持自己的意見。偶爾地表現自私本屬正常，對於身心發展是無害的，但自私一旦成為一個人的人格特徵，雖然可以滿足一時的心理需要，最終是有害無益的。由於人與人之間的交往遵循的互相原則，有來有往才能形成良好的人際交往關係，而自私的人總是向著自我中心傾斜，恐怕更多的人只會對他避而遠之。因此，自私的人要透過接受批評和平等相處兩種方法來醫治自己的心理障礙。

2. 害羞問題

害羞的人過多地約束自己的言行，不能充分表達自己的思想感情。本來，一個人有害羞心理是正常的，只要不足以影響正常的交往或與同事相處就不過分，一個人如果不害羞反而令人擔憂，但是，如果害羞得阻礙了與別人建立正常的交往和友誼，進而導致沮喪、焦慮的情緒和孤獨感，最後演變成性格上的軟弱和冷漠，就要加以克服了。克服害羞心理的前提，是害羞者應相信自己能夠克服，而且要能持之以恆，否則再好的方法也沒有用，再多的努力也會白費。從這種前提出發，克服害羞心理必須要做到四個方面：丟下包袱，樹立自信，學會人際交往，增強體質。

3. 自卑問題

自卑是個人由於某些生理缺陷或心理缺陷，及其他原因而產生的輕視自己，認為自己在某個方面不如他人的情緒體驗。一個人一旦形成自卑心理以後，不僅會嚴重地阻礙個人的人際交往活動，使人孤立、離群，而且還會抑制人的自信心和榮譽感的發展，抑制人的能力的發揮。自卑心理的進一步發展會以嫉妒、暴怒、自欺欺人等畸形的方式表現出來，這對個人、工作以及社會都有一定的危害。其實，自卑的人並不一定表現為能力差，事業成就低下，往往是對自己有過於苛刻、不切實際的要求，這必然容易造成失敗。怕失敗，怕在人際交往中受挫，就成了這種人的主要心境。克服自卑心理，首先，是提高自我期望。要善於發現自己的優點，能比較客觀地評價自己和他人。其次，要積極參加人際交往活動，主動去和陌生人交談，去享受每一次交談的歡

樂。最後，自卑者要敢於人際交往，使自己告別膽小和羞怯心理，逐漸開朗起來。

4. 嫉妒問題

嫉妒是恐懼或擔心他人優於自己的心理狀態，是在他人比自己佔優勢之後，試圖削弱或排擠對方的一種帶有攻擊性的消極個性品質。在人際交往中，嫉妒往往有強烈的排他性，並伴有情緒色彩。嫉妒心理出現以後，很快就會導致嫉妒行為，例如，中傷別人，怨恨別人，詆毀別人，甚至報復別人，這些都會嚴重破壞人和人之間的友誼。克服嫉妒心理首先要糾正自己的認知偏差。實際上，別人的成功在於他自己的努力，他有權獲得這份榮譽。要明白，別人的成功並不意味著自己的失敗，而應截長補短，使自己認識到差距。其次，化嫉妒為上進的動力，努力趕上甚至超越對方。最後，克服嫉妒心理還要積極地進行注意的轉移，把精力投入到有益的活動中去，使自己的生活與工作充實起來，不要把精力老是集中在嫉妒別人的成功上。

5. 孤僻問題

孤僻多見於內向型的人，他們不願與他人接觸，對周圍的人常有厭煩和戒備心理；疑心重，喜歡我行我素；認為世間的一切都沒什麼意思，有一種孤傲於世的處世態度。孤僻的人交往需要得不到滿足，他們看不到生活與工作的美好，也感受不到人間的真情。克服孤僻心理，首先，要認識到孤僻的危害性，要多與別人交流思想，溝通感情。其次，在活動中培養開朗的性格，敢於交朋友並體驗友誼的樂趣。最後，敢於正視生活中受到的重大挫

折，客觀地加以分析，並降低所造成的傷害。

6. 干涉問題

　　心理學研究發現，每個人都有一個不允許任何人侵犯的空間，這種空間不但指生活空間，也指我們的心理空間。沒有人歡喜專門愛打聽、傳播和干涉他人私事的人，他們不但使人缺乏安全感，也常使人感到窘迫和難堪。要記住，即使是多麼親密的朋友，也不要干涉對方的隱私。所以，有這種心理缺陷的人要注意克制這種不良欲望，多關注一些有益的事情，不要老是關注別人的私生活。

7. 角色僵化

　　人生其實就是個大舞台，你在這個舞台上要扮演各種角色，在父母面前你是子女，在同事面前你是朋友或工作伙伴……每種角色都有一定的行為模式。如果一個人不能根據特定角色協調自己的行為，不知道變通，這就是社會角色僵化。例如，在父母面前你可以撒嬌，如果你在上司和同事面前也常撒嬌，一定會令人討厭的。所以，在人際交往中，你在某個時刻扮演什麼角色，一定要十分清楚。

Appendix 1
能力測驗與諮詢

02
自我控制能力

甲、測驗

請對下列各題作出最適合你的「選擇」。

【 】1.當你正在埋頭幹一件急事時，你的一個朋友來找你傾訴苦悶，你怎麼辦？

　　A.放下手中的工作，聽他傾訴，但心中很不快。

　　B.顯得很不耐煩。

　　C.似聽非聽，但還在想自己的事情。

　　D.向他解釋，同他另約時間。

【 】2.在公共汽車上，你無意中踩了別人一腳，別人對你罵個不停，你怎麼辦？

　　A.充耳不聞，任其去罵。

　　B.與他對罵，不惜大吵一場。

　　C.推說別人擠了我，才踩到你的腳。

　　D.請他原諒，同時提醒他罵人是不對的。

【 】3.在影劇院裡，你鄰座的人旁若無人地講話，你很討厭這個情形，怎麼辦？

A.很反感，希望其他人會向此人提出抗議。

B.大聲指責他們「沒修養」。

C.自言自語地對他們進行指責。

D.很有禮貌地請他們別講話。

【 】4.你的朋友想向你借剛買的新款手機，你自己還未好好用過，怎麼辦？

A.借給他，但是滿腹牢騷。

B.提醒他有一次你向他借東西，他不肯借，當時你的心情如何。

C.騙他說你已經借給別人了。

D.告訴他你想先用一段時間，然後再借給他。

【 】5.周末你忙了一整天把房間全部打掃乾淨，十分疲勞，但你的父母或長輩下班回來，卻指責你為什麼沒做晚飯，你怎麼辦？

A.心裡很氣，但仍勉強地去煮飯。

B.大發脾氣，讓他們自己去做飯。

C.氣得當晚不吃飯。

D.向他們解釋，並建議一起出去吃飯。

【 】6.你的家人得了急病，但醫務人員毫不著急，你怎麼辦？

A.苦苦衷求，希望對方發揮愛心。

B.與醫務人員爭吵。

C.強忍不滿，待看好病，再發作。

D.提醒醫務人員注意自己的職責，必要時向主管反映。

【 】7.你對某人很好，他卻在背後講你壞話，怎麼辦？

A.心中有數，以後不理他就是了。

B.與他大吵一架後，絕交。

C.表面上仍然保持原樣，背地裡也說他壞話。

D.把情況了解清楚後，找他交換意見。

【 】8.辛苦工作了一天，自以為對這天的工作相當滿意，不料主管卻不以為然，你怎麼辦？

A.不耐煩地聽他埋怨，心中滿是委屈，但不作聲。

B.拂袖而去，認為自己不應委屈。

C.把責任推給別人。

D.注意做得不夠之處，以便今後改正。

【 】9.某個星期日你家有急事，主管不能理解，堅持讓你加班，你怎麼辦？

A.人在加班，心裡卻在埋怨主管。

B.拒絕加班，言語十分強烈。

C.推說自己有病，不能加班。

D.與主管商量，如確需要加班，服從主管安排。

答案選擇

上述9個問題都答案有A、B、C、D四種選擇，這就要看你選擇哪一種為多數。

多數選擇A：說明你的處世態度過於消極，凡事與世無爭，實際上並不服氣。這些顯然都不是我們應取的態度。

多數選擇B：說明你的自制力較差，而且很不善於待人接物。

多數選擇C：說明你雖有一定的自制力和克制能力，但為人不夠真誠坦率。

多數選擇D：說明你既有較強的自制力，又有積極上進的處世態度，為人真誠坦率。這種處世態度才是值得提倡的。

由此可見，對自制力的正確要求，不僅要看這種能力的大小，還要看這種能力的出發點和目的性。一個意志堅強、修養高尚的人，應該表裡如一、言行一致，無論在什麼場合、什麼時候，都能表現出堅強而正確的自制力。

乙、諮詢

自我控制是反映一個人個性心理成熟和健康與否的重要標誌。自制，通常所說的就是一個人能根據外在的道德標準和內在的價值標準合理適當地支配自己的行為。與之相反的情形是，有些人心理和行為上矛盾衝突很嚴重，甚至導致心理障礙。導致自制心理障礙有外在因素與內在因素。外在因素通常是某些社會習俗、道德，阻止一個人去嘗試反常規的行為，進而使他感到焦慮和緊張。內在因素則是一個人的價值體系與社會文化、道德相抵觸，或者是自我意識對自己的某些衝動性的不理智行為失去控制，這也會導致一個人自制性的嚴重削弱，甚至發生心理障礙。那麼怎樣才能克服類似的失控現象，怎樣才能平衡自己的心理與

行為呢？

1. 加強意志鍛鍊，做好自我調節

有教育心理學家曾指出：「堅強的意志，這不但是想什麼就獲得什麼的那種本事，也是迫使自己在必要時放棄什麼的本事⋯⋯沒有煞車就不可能有汽車，而沒有克制也就不可能有任何意志。」這段論述說出了意志的重要性。憤怒的情緒克制最需要人的意志，否則就像脫韁的野馬任意馳騁，就像沒煞車的汽車橫衝直撞，難免會出事。憤怒的調節與控制不是一朝一夕的事情，一旦自己遇到不順心的事情而想要生氣的時候，可以進行自我暗示。關於自我暗示的形式很多，例如警告自己「我這時一定不要生氣，否則將影響氣氛，把事情弄糟」。此外，轉移注意力也是有效的方法，例如轉移話題，或出去走走等等。

2. 精神放鬆後再作理智分析

當遇到令人發怒的事情時，一定要保持冷靜的頭腦，精神要放鬆，客觀而理智地分析問題。首先，閉目三思，一、我為何要發怒；二、我發怒後會發生什麼樣的後果；三、我若不發怒，是否會有更好的解決辦法。相信你三思後，一定會心平氣和下來，假如怒火仍然不息，你不妨出去走走，換個環境，呼吸一下新鮮空氣或看看報紙，使精神放鬆下來。此後，你不妨再客觀理智地分析一下問題，要了解任何事情並不能都以你為中心，並不是由你一手操縱一切事物的，要記住富蘭克林(Benjamin Franklin)的告誡：「事情常常以憤怒開始，以羞辱結束。」

3. 別衝動，保持冷靜

好衝動的人，易受主觀因素的支配，以情緒衡量事物，不能真正深入到事物的本質中，因而不能得出正確的思想和理論，導致片面性。特別是一些年輕人，很容易衝動，常為一點小事，或感動萬分、情緒高漲，或怒氣衝天，難以自制，甚至跟人爭吵。才能高、見識深的人，都是善於思考的。

對人有一顆容忍之心，善於容忍他人的人，能夠用道德修養與意志修養來控制或緩解憤怒情緒的發生，善於自我調節、自我淡化。在同樣的刺激面前，為什麼有的人動了情緒，有的人卻泰然自若？這充分說明駕馭情緒的關鍵在於提高認識水準，加強知識修養與品德修養，提高自身的自制力，對人有一顆容忍之心。要經得起錯誤的批評，甚至是冤枉，胸懷寬廣，看輕小辱，放棄小利，克己待人，以大局為重。俗話說：不如意的事情十有八九。一個人生活在團體與家庭中，矛盾總是難免的。如果我們心胸開闊，以團體、他人利益為重，不擴大事端，那就會減少許多刺激，有效地控制環境。

4. 有耐心和恆心，你就會成功

一位母親說，她的女兒從小就沒有耐性，襁褓中，吃不了幾口奶，就東張西望不吃了；到了兩三歲，看看漫畫書，一會又丟開，再拿起積木，堆了幾塊又不做了。女兒今年剛上小學，寫作業，剛開始字寫得還可以，越往下字寫得越差，而且塗塗改改。坐在桌前，摸東摸西，跑進跑出，忙個不停，什麼事都是幾分鐘熱度。在現實生活中，像這樣沒有耐性是很多人的致命弱點，已

Appendix 1
能力測驗與諮詢

成為我們生活工作中的一大障礙，是我們前進中的絆腳石。要取得工作上的成功就應有一定的耐心，切忌「三天打魚，兩天曬網」。善於安排工作與學習計劃，制定和堅持執行計劃，這是有無成效的關鍵，有了這種自覺性和恆心，成功只是早晚的問題。

03
助人動力

甲、測驗

請對下列題目作出「是」或「否」的回答。

【 】1.你是否常認為別人的提問，大都是愚昧和無價值的？

【 】2.你是否在別人請求你策劃的時候，立即告訴別人解決的方法和見解？

【 】3.你是否想給求助者筆、紙等東西，使他在說話時手裡不空著？

【 】4.你允許別人在和你說話時，有片刻的猶豫或沉默，而不去打擾他嗎？

【 】5.你願意使你們的談話自然而然地進行下去，直到對方自己終止嗎？

【 】6.在和別人談話之前，你有預先準備好回答的習慣嗎？

【 】7.你有耐心聽完別人對同一件事的反覆述說嗎？

【 】8.別人愈是信賴你，你愈是誨人不倦嗎？

【 】9.必要時，你能想到主動找醫生、律師或心理學家來勸慰你的朋友嗎？

【　】10.你會把朋友的疑問困難，給他從根本上透徹地分析一番嗎？

【　】11.你是否拒絕、斥責或憐憫陷入困境中的朋友？

【　】12.同你說話的人的人生觀和思想方法與你完全相反，在此種情況下，你也能把別人的話聽完嗎？

【　】13.你認為流淚是懦弱的表現嗎？

【　】14.你是否想將你養的小動物馴養得任你擺布？

【　】15.你是否習慣評論別人？

【　】16.當你聽到奇異的外國音樂時，能做到既不譏笑，也不品頭論足嗎？

【　】17.你常發表自己的見解，而不樂意聽取別人的意見嗎？

【　】18.你是否常在別人說話的空檔，立即插話？

【　】19.你認為你的困難都是靠你獨立解決的嗎？

【　】20.有人說話時，習慣拍拍你的後背或把手搭在你肩膀上，你會因此而生氣嗎？

評分規則

根據以下表格，請統計你的回答與正確答案相一致的數目。

題號	答案	題號	答案
1	否	11	否
2	否	12	是
3	是	13	否
4	是	14	否

題號	答案	題號	答案
5	是	15	否
6	否	16	是
7	是	17	否
8	是	18	否
9	是	19	否
10	否	20	否

你答對_____個

15個以上：說明你很會幫助人。

10~14個：說明你是一個會幫助人的人。

5～9個：說明你有時能幫助別人。

4個以下：說明你是一個「自顧自己」的人，也許還信奉
「萬事不求人」的信條，很少或不願幫助別
人。

乙、諮詢

助人是人的美德之一，也是客服工作者的基本要求之一。在
有情有義的文明社會，熱情關心幫助他人更是人們讚美、努力仿
效追求的崇高精神品質。人與人之間互相理解、信任、友愛、團
結、互助，不僅展現了崇高的的朋友關係，也是個人心靈美、人
格美的昇華。

在我們周圍，有許多樂於助人的人。有一位中學教師，當她
從電視新聞得知了一名農村窮學生帶著父母四處借錢，用全村人

盡力資助的微薄經費，前往考取的大學報到，卻發現仍然不夠繳納學雜費，更無法承擔日後的求學、生活費用時，被深深打動了。她決定每月從自己不多的薪資中拿出五千元，來資助這名學生完成學業。她寫信給這個學生：「為了減輕你的經濟負擔，我決定從我的薪水中給你一點支援，以補助你費用不足中的一部分。你不要多想，我是一個普通人，在普通企業做著普通工作。我對你別無他求，只望你努力深造，成為社會的有用之人。」以後她除了每月按時寄錢，還與這名學生保持著書信來往，在信中不斷鼓勵他專心、安心念書，完成學業。期許他畢業後，在事業上有所成就，對社會有所貢獻。這位教師在自己生病期間，還讓家人代她給學生寫信、寄錢，並囑咐家人一定要資助這名學生到大學畢業。這是多麼美好的心靈啊！

我們認為個人的價值是在「利他」、「社會」中形成的，「給予」和「奉獻」就是實現個人價值的前提和條件。自私、利己是最壞的行為。羅曼‧羅蘭(Romain Rolland)說：「一旦自私的幸福變成人生的唯一目標，人生就變得沒有目標。」因此，滿腦子只想著自己、爭名爭利的人，雖然忙忙碌碌，最終卻是空虛的。而那些不計個人得失、關心他人疾苦、樂於施愛於人的人，生活才是最充實。

客服工作者要真正提高和實現人生價值，就不能停留在「自我」的境界，而要樹立遠大的理想和目標，並努力追求。這個目標越接近社會，人生的價值也越大，個人也就越能領略人生的真諦。一滴水離開了大海，很快就會乾涸；一個人離開了他人、團體，也就成了無源之水、無根之木。人們只有在相互依存、相互

幫助的關係中，才能有所成就，才能創造自身的價值，才能贏得他人的尊重，才能塑造美好的人生！

Appendix 1
能力測驗與諮詢

04
情緒控制能力

甲、測驗

　　你的情緒是穩定的嗎？如果你希望知道結果，不妨做做下列的測驗。每個問題都有三種答案可供選擇，你可以將題目看清楚一點，至於選擇哪一種回答，倒不必躊躇不定，只要選擇與自己實際情況最相近的一種便可。

【　】1.看到自己最近一次拍攝的照片，你有何想法？
　　　　A.覺得不稱心　　　B.覺得很好　　　C.覺得可以

【　】2.你是否想到若干年後會有什麼使自己極為不安的事？
　　　　A.經常想到　　　B.從來沒有想過　　　C.偶爾想到

【　】3.你是否被朋友、同事取過綽號並被挖苦過？
　　　　A.這是常有的事　　　B.從來沒有　　　C.偶爾有過

【　】4.你上床後，是否經常再起來一次，看看門窗是否關好，爐火是否已關？
　　　　A.經常如此　　　B.從不如此　　　C.偶爾如此

【　】5.你對與你關係最密切的人是否滿意？
　　　　A.不滿意　　　B.非常滿意　　　C.基本滿意

【 】6.半夜的時候，你是否經常覺得有什麼值得害怕的事？

　　A.經常　　　B.從來沒有　　　C.極少有這種情形

【 】7.你是否經常因夢見什麼可怕的事而驚醒？

　　A.經常　　　B.沒有　　　C.極少

【 】8.你是否曾經有多次做同一個夢的情況？

　　A.有　　　B.沒有　　　C.記不清

【 】9.有沒有一種食物使你吃後嘔吐？

　　A.有　　　B.沒有　　　C.記不清

【 】10.除去看見的世界外，你心裡有沒有另一個世界？

　　A.有　　　B.沒有　　　C.記不清

【 】11.你心裡是否時常覺得你不是現在的父母所生？

　　A.時常　　　B.沒有　　　C.偶爾有

【 】12.你是否曾經覺得有一個人愛你或尊重你？

　　A.是　　　B.否　　　C.說不清

【 】13.你是否常常覺得你的家庭對你不好，但是你又知他們的確對你好？

　　A.是　　　B.否　　　C.偶爾

【 】14.你是否覺得沒有人十分了解你？

　　A.是　　　B.否　　　C.說不清楚

【 】15.在早晨起來的時候，最常有的感覺是什麼？

　　A.憂鬱　　　B.快樂　　　C.講不清楚

【 】16.每到秋天，你常有的感覺是什麼？

　　A.枯葉遍地　　　B.秋高氣爽或艷陽天　　　C.不清楚

【 】17.你在高處的時候,是否覺得站不穩?

　　　A.是　　B.否　　C.有時是

【 】18.你平時是否覺得自己很強健?

　　　A.否　　B.是　　C.不清楚

【 】19.你是否一回家就立刻把房門關上?

　　　A.是　　B.否　　C.不清楚

【 】20.你坐在小房間裡把門關上後,是否覺得心裡不安?

　　　A.是　　B.否　　C.偶爾

【 】21.當一件事需要你作決定時,你是否覺得很難?

　　　A.是　　B.否　　C.偶爾是

【 】22.你是否常常用拋硬幣、翻紙牌、抽籤之類的遊戲來測凶

　　　吉?

　　　A.是　　B.否　　C.偶爾

【 】23.你是否常常因為碰到東西而跌倒?

　　　A.是　　B.否　　C.偶爾

【 】24.你是否需要一個小時以上才能入睡,或醒來比你希望的

　　　早一個多小時?

　　　A.經常這樣　　B.從不這樣　　C.偶爾這樣

【 】25.你是否曾看到、聽到或感覺到別人覺察不到的東西?

　　　A.經常這樣　　B.從不這樣　　C.偶爾這樣

【 】26.你是否覺得自己有超乎常人的能力?

　　　A.是　　B.否　　C.不清楚

【 】27.你是否曾經覺得有人跟著你走而心裡不安?

　　　A.是　　B.否　　C.不清楚

【　】28.你是否覺得有人在注意你的言行？

　　　A.是　　　B.否　　　C.不清楚

【　】29.當你一個人走夜路時，是否覺得前面暗藏著危險？

　　　A.是　　　B.否　　　C.偶爾

【　】30.你對別人自殺有什麼想法？

　　　A.可以理解　　　B.不可思議　　　C.不清楚

評分規則

　　以上各題選A記2分，選B記0分，選C記1分。請將各題得分相加，算出總分數。

　　你的總分＿＿＿＿＿＿

0~20分：表示你情緒穩定、自信心強，具有較強的美感、道德感和理智感。你有一定的社會活動能力，能理解周圍人們的心情，顧全大局。你一定是個性情爽朗、受人歡迎的人。

21~40分：表示你情緒基本穩定，但較為深沉，對事情的考慮過於冷靜，處事淡漠消極，不善於發揮自己的個性。你的自信心受到壓抑，辦事熱情忽高忽低，易瞻前顧後、躊躇不前。

41~40分：表示你情緒極不穩定，日常煩惱太多，使自己的心情處於緊張和矛盾之中。

51分以上：這是一種危險信號，你務必請心理醫生作進一步診斷。

乙、諮詢

　　情緒穩定，一般被看作是一個人心理成熟的重要標誌。所謂情緒穩定，主要是指一個人能積極地調節、控制自己的情緒，在短時間內沒有大起大落的變化，不怎麼會時而心花怒放，瞬間又愁眉苦臉。當然，一個人的情緒與他先天的神經類型有關係。一般說來，粘液質的人情緒生來比較穩定，而膽汁質的人情緒生來不太穩定。因此，可以說，情緒穩定的人不一定心理成熟，但心理成熟的人情緒必然是穩定的。

　　人在情緒激動時，往往認識範圍狹小，判斷能力下降，思維僵化，動作笨拙，不利於工作、學習及解決問題。另一方面，激動的情緒還可能導致身體各器官和生理上的一系列變化，如心跳加快、血壓上升、消化腺活動受阻等，對人的身心健康造成嚴重的影響，甚至引起疾病。因此，我們必須學會控制自己的情緒，沉著地面對一切。下面介紹一種情緒的自我調節方法，提供你在情緒波動時，試看看。

設備

　　安靜的小屋，高度適當、椅面舒適的座椅。

程序

1. 準備工作

　　請你穿著寬鬆柔軟的衣服獨自進入訓練小屋。基本姿勢：坐在椅子上，放鬆兩肩，頭稍低垂，目視前方，舒展一下身體和頭部，便全身呈優美姿勢。兩手放在大腿上，互不相碰，兩腳稍微

分開，使身體感到很舒適。

2. 訓練工作

開始時，兩臂、兩腿用力伸展，兩手、兩腳同時用力，使之略有顫抖的感覺，突然一下子鬆弛，讓全身的肌肉立刻放鬆，練習時，要體會和抓住這個感覺。接下來，閉上雙眼，重複一遍動作。在鬆弛的一瞬間，開始做腹式深呼吸，張開口，吐盡腹中氣息，停止呼吸片刻，再從鼻孔慢慢吸入新鮮空氣，直至吸飽為止。此刻停止呼吸一、二秒。再張口收腹，慢慢將腹內氣息全部吐盡。腹式深呼吸做完以後，呼吸平緩下來，頭腦裡靜靜地浮現出愉快的形象（形象在練習之前就要選好。這個形象應該與自己最美好的經歷和感受聯繫著）。在愉快形象浮現的同時，隨著呼吸，口中念念有詞地哼幾遍：「我的心裡很安靜。」這時，你會發現自己的情緒逐漸安靜下來。

3. 每次訓練時間以10～15分鐘為宜

最好在早起和睡覺前進行。掌握訓練要領之後，每次遇到情緒波動時，就可以用這種方法來自我調節。

Appendix 1
能力測驗與諮詢

05

處理衝突能力

甲、測驗

下面有10題，每題有4個備選答案。請根據自己的實際情況，選擇一個最適合你的答案。

【 】1.如果你與某同事產生了矛盾，關係緊張起來，你將怎麼辦？

　　A.他若不理我，我也不理他；他若主動前來招呼我，那麼我也招呼他。

　　B.請別人幫助，調解我們之間的緊張關係。

　　C.從此不再理他，並設法報復他。

　　D.我將主動去接近對方，盡力消除矛盾。

【 】2.如果你被人誤解做了某件不好的事情，你將怎麼辦？

　　A.找這些亂說的人對質，指責他們。

　　B.同樣捏造一些莫須有的事加在對方身上，進行報復。

　　C.置之不理，讓時間來證明自己的清白。

　　D.要求企業主動調查，以弄清事實真相。

【　】3.如果你的父母之間關係緊張，你將怎麼辦？

A.誰厲害就倒向那一邊。

B.採取不介入態度，不得罪任何人。

C.誰正確就站在那一邊，態度明朗。

D.努力調解兩人之間的關係。

【　】4.如果的父母老是為一些小事爭吵不休，你準備怎麼辦？

A.根據自己的判斷，支持其中正確的一方。

B.盡量少回家，眼不見為淨。

C.設法阻止他們爭吵。

D.威脅他們：如果再吵，就不認你們為父母了。

【　】5.如果你的好朋友和你發生了嚴重的意見分歧，你將怎麼辦？

A.暫時避開這個問題，以後再說，以求同存異。

B.請與我倆都親近的第三者來裁決誰是誰非。

C.為了友誼，遷就對方，放棄自己的觀點。

D.下決心中斷我們之間的朋友關係。

【　】6.當別人妒嫉你所取得的成績時，你將怎麼辦？

A.以後再也不強出頭了，免得被人嫉妒。

B.走自己的路，不管別人持什麼態度看待我。

C.與這些嫉妒者爭吵，保護自己的名譽。

D.一如既往地工作，但同時反省自己的行為。

【 】7.如果有一天需要你去處理某一件事（不是壞事），而處理
這件事的結果不是得罪甲，就是得罪乙，而甲和乙恰恰又
都是你的好朋友，你將怎麼辦？

A.向甲和乙講明這件事的性質，想辦法取得他們的諒
解，再處理這件事情。

B.瞞住甲和乙，悄悄把這件事做完。

C.事先不告訴甲和乙，事後再告訴得罪的一方。

D.為了不得罪甲和乙，寧可不顧當時的需要，而不去做
這件事。

【 】8.如果你的好朋友虛榮心太強，使你很看不慣，你將怎麼
辦？

A.探究一下對方的虛榮心，是否同自己有關。

B.利用各種機會勸導他。

C.聽之任之，隨他怎麼做，以保持良好關係。

D.只要他有追求虛榮的表現，就與他爭吵。

【 】9.如果你對某一問題的正確看法被主管否定了，你將怎麼
辦？

A.向更高管理階層反映，爭取支持。

B.工作消極，以發洩自己的不滿。

C.一如既往地認真工作，在適當的時候再向主管陳述自己
的看法。

D.與主管爭吵，準備離開該企業。

【 】10.如果你與朋友對於度假的行程安排上意見很不一致，你準備怎麼辦？

A.雙方意見都不採納，另外商量雙方都不反對的安排。

B.放棄自己的意見，接受朋友的主張。

C.與朋友爭論，迫使朋友同意自己的安排。

D.到時獨自活動，不和朋友在一起度假了。

評分規則

題號 得分	1	2	3	4	5	6	7	8	9	10
A	1	1	0	1	3	0	3	2	2	2
B	2	0	1	0	2	2	1	3	1	3
C	0	3	2	3	1	1	2	0	3	0
D	3	2	3	2	0	3	0	1	0	1

你的總分_____

0～6分：表示處理人際衝突的能力很弱。

7~12分：表示處理人際衝突的能力較弱。

13~18分：表示處理人際衝突的能力一般。

19~24分：表示處理人際衝突的能力較強。

25~30分：表示處理人際衝突的能力很強。

乙、諮詢

對人際衝突的最簡單解釋，就是兩個人意見不合，一方無法

同意另一方所做的事，或是一方不希望另一方去做某事。衝突無可避免，其實，不管是由何種原因所致，其最後結果永遠都是難以區分出「勝負」，最終的結果往往是「兩敗俱傷」。那麼，解決衝突有哪些建設性的做法呢？

1. 及時溝通，相互了解

誤解是造成衝突的原因之一，就是由於接受訊息的一方將對方行為的意圖理解出現差異，誤解就產生了。例如，某一天你家裡有急事，下班後主管要你幫他做點事，如果你馬上拒絕，主管一定會很生氣，認為你不聽主管的安排，是有意迴避，衝突由此產生；如果你勉強替主管做事，心中又有怨氣，認為主管無情無意，也埋下了衝突的種子。因此，不如用商量的語氣，訴說當天家中確有急事，希望主管諒解。相信主管了解實際情況後，一定不會為難你的。

2. 坦誠相對

由於不坦誠，必然造成無法真心溝通而導致衝突。不坦誠會破壞充滿愛和關懷的溫馨關係，導致長期不談話的衝突關係。例如，你的朋友向你借新買的手機，但你自己還沒好好用過，如果你不想借，但又不好意思拒絕，就騙他說已借給了別人。你的朋友一旦知道真相，一定會氣惱萬分，認為你們之間的友誼已蒙上了欺騙的陰影，不是準備哪天揭穿你，就是從此疏遠你。其實，對於類似的情況，你完全可以坦誠地告訴朋友說：「手機是新買的，能不能讓我先使用一段時間再借給你。」對方一定找不出什麼合適的理由，加以反駁而對你心懷不滿的。如果有，那你朋友

一定有點問題，過於自我為中心，沒把別人放在眼裡，這種朋友，不交也罷。

3. 不要過於自以為是，固執己見

由於每個人的自我認知不同，所堅持的政治及道德觀念也一定會存在差異，當兩個人的這種信念相互抵觸而又互不相讓時，衝突就會發生。例如，兩人攜伴旅遊，一個人喜愛青山綠水，而另一個人酷愛歷史文物，在計劃旅遊線路時，一定會意見不合。不如互相退讓一下，可以站在對方的角度替對方想想，最好來個折衷的旅程，選擇有山有水，又有文物古跡的地方。

4. 不要主動挑釁

在人際交往中，若能用一種對彼此都有利的方式，努力去了解對方，那麼衝突自然可以避免。相反，有意傷害對方就一定會產生敵對、衝突。例如，你一直對某個人心懷不滿，突然此人在會議中批評你，雖然他的批評是正確的，你也一定會認為對方是有意攻擊，一場衝突當然無法避免。所以，與人交往，要努力以友善的心態去面對他人。

5. 軟語化干戈

有一篇〈軟語化干戈〉的短文，講了一個化解衝突的生動例子：作者出差到外地，在歸途中，客車要經過一段狹窄崎嶇的路面，兩旁是深陡的坡坎，司機提醒大家要安靜，不要在車內亂走動。作者身邊一位年逾七旬的老人，手裡緊握著一根剛從風景區買回的紅木龍頭拐杖，嘴裡念念有詞：「這路面太危險了……」

旁邊的一位年輕人快言快語：「我們年輕人都不怕死，你那麼大年紀還怕死？」這位老人馬上接口說：「你這年輕人真不會說話，老了就該死？」當這一老一小爭執不休時，作者連忙勸解道：「老人家，您誤會了。他說您年長，生活閱歷豐富，過的橋比走過的路還多，不會驚慌這一段路面的危險，是不是？」那位年輕人機靈地點點頭；一席話使老人由於惱怒而漲紅的臉，轉而露出了笑容，其他乘客也向作者投來讚許的目光，在笑聲中客車進入了平坦路面……幾句得體的話語，化解了一場干戈。所以當你在公共汽車上，無意踩了別人一腳，別人又對你罵個沒完沒了時，最好的做法是先請他原諒，同時提醒他罵人是不妥的。相信對方只要講道理，一定會停止辱罵，否則引起公憤，也是很不體面的事。

6. 戰勝恐懼

由於害怕跟別人發生衝突和遭到對方排斥，而不敢表達自己內心真正的感受和需要，往往更容易引起衝突。所以，在某些人際交往中，戰勝恐懼，勇敢地說出自己的感受，往往比軟弱更能解決問題。例如，電影院不準高聲喧嘩，但你的鄰座卻旁若無人地講話，如果你忍耐，就不能好好欣賞電影，感到心煩的只會是自己；如果你大聲斥責，對方可能會由於你的態度而與你爭論不休，進而影響他人看電影。最佳的解決辦法是，勇敢站起來並有禮貌地提醒對方不要影響別人，你的舉動一定會引起對方的理解和大家的支持。

06
負責能力

甲、測驗

對下列各題，請作出最適合你的選擇：是(+)，否(-)，不確定(x)。

【 】1.你是否覺得自己滿有愛心？

【 】2.你是否經常準時赴約？

【 】3.你是否信守值得做的事就做得好，這樣的理念？

【 】4.你總是能受到別人的信賴嗎？

【 】5.你是否喜歡順其自然地生活？

【 】6.你是否經常把事情留到非做不可的時候才做？

【 】7.你是否偶爾有「凡事聽其自然」這樣的傾向？

【 】8.你是否很難做那種需要持續集中注意力的工作？

【 】9.你是否覺得萬事起頭難？

【 】10.你是否常常做事有顧此失彼？

【 】11.一般來講，你是一個無憂無慮的人嗎？

【 】12.你喜歡發表評論性的言論嗎？

【 】13.一般來講，你是否以一種嚴肅、負責的態度對待人生？

【 】14.你被認為是一個容易相處的人嗎？

【 】15.如果你說出來要做某事，是否從不食言，儘管做此事可能很困難？

【 】16.在工作中你有時是否草率粗心？

【 】17.你接到信件後，就立刻給別人回信嗎？

【 】18.一般來講，你對未來不太關心嗎？

【 】19.你能問心無愧地說自己比大多數人都守信用嗎？

【 】20.當早晨需要在某一鐘點起來時，你會使用鬧鐘嗎？

【 】21.你是否總是奉行「勞於先，而後享樂」這樣的準則？

【 】22.在選舉中，你是否覺得選誰都無所謂？

【 】23.上學時，你不曾逃過學？

【 】24.你是否有時喝得醉醺醺的？

【 】25.你是否寧願尋找垃圾桶，而不把廢物隨手扔在馬路上？

【 】26.你定期做牙科檢查嗎？

【 】27.你對自己的身體狀況了解嗎？

【 】28.你是否有時裝病以逃避不愉快的責任？

【 】29.你是否覺得為自己為將來精打細算毫無意義？

【 】30.如果在街上撿到一件值錢的東西，你是否把它交給警察？

標準答案：

1(+)　2(+)　3(-)　4(+)　5(-)　6(-)　7(-)　8(-)　9(-)　10(-)

11(-)　12(-)　13(+)　14(-)　15(+)　16(-)　17(+)　18(-)　19(+)

20(+)　21(+)　22(-)　23(+)　24(-)　25(+)　26(+)　27(-)　28(-)

29(-)　　30(+)

評分規則

　　與標準答案相同者，得1分；答「不確定」得0.5分。

　　你的總分_____

15分以上：認真謹慎，穩重可靠，責任心強，值得信賴，
　　　　　　甚至可能有點強迫性。

15分以下：平時隨隨便便，漫不經心，不拘禮節，毀約失
　　　　　　信也難於預測，多少有點缺乏社會責任感。

乙、諮詢

　　責任感（負責能力）是客服工作者的道德情感中最為重要的
一個項目，一般指自覺地把應做的事做好的心理態度，亦即正確
地認識個人對工作所承擔責任的信念和意志。責任感能激發人們
奮發向上的進取心。責任感強的人，會想盡辦法，完成其職責範
圍的任務。責任感又能促使人們自覺規範自己的行動，例如嫉
妒、怨恨、意氣用事等一些消極的態度，在責任感的驅使下，往
往比較容易消除。

　　責任感的培養一般來講與個性的完善有著密切的關係。個人
透過道德品質的培養，往往能夠主動地按照正確的標準對照自
己、評價自己，形成責任感。這樣就能自覺地調節自我意識發展
中的種種矛盾，使自己正常健康地發展。人的個性總表現在人對
事物的態度和行為方式中，例如對工作認真、勤奮、努力、踏實

等等，這些都與人的道德、品質中的責任感密不可分。由此可見，責任感的培養對於完善個性、提高道德情感，並進一步促進道德行為的發展是非常重要的。培養責任感可以從以下幾個方面入手：

1. 學校階段是關鍵

我們要遵循道德意識的發展規律，在求學階段這一關鍵期，從家庭、學校、社會三方面共同努力。這需要三者之間的相互協調，主要是教師和家長積極配合，培養青少年良好的道德意識。

2. 從小事做起

人的責任感不是一朝一夕形成的，而是需要經過長期的社會生活實踐和日常生活小事的磨練。因此，培養責任感必須從小事做起，對日常生活中的每一件小事，都要用負責的態度去要求自己，絕不能因為是小事而忽略、放縱。日常生活中的事雖小，卻能反映一個人的生活態度，只有嚴肅對待每一件小事，才能培養自己認真負責的好習慣，在重要的「大事」上負起責任來。

3. 努力學習知識

如果沒有知識，人的眼界往往會受到很大的限制，會缺乏理想，為了個人小利，對工作不負責任。因此，知識和責任感是密切相通的。自覺地學習多方面的知識，不斷提高自己的文化素質，可以促進責任感的培養和提高。

4. 積極地進行自我反省與自我評價

在現實工作與生活中，誰都可能因缺乏責任感而做錯事，有

的人能針對自己的錯事自覺地作出深刻的反省，有的人則馬馬虎虎，而導致責任感的下降。在這方面，寫日記是自我警惕的有效方法，透過寫日記，時時自我觀察，可防患於未然。除此以外，還可以適當選擇座右銘，以幫助自己提高責任感；座右銘當然要選擇那些能鼓勵人奮發向上的，又要符合自己的個性特徵，這樣，才能達到事半功倍的效果。

Appendix 1
能力測驗與諮詢

07

溝通能力

甲、測驗

請對下列題目作出「是」或「有時」或「否」的選擇。

【　】1.你是否時常覺得「跟他多講幾句，也沒意思」？

【　】2.你是否覺得那些太過於表現自己感受的人，是膚淺的和不誠懇的？

【　】3.你與一大群人或朋友在一起時，是否常覺得孤寂或失落？

【　】4.你是否覺得需要有時間一個人靜靜地，才能清醒頭腦和整理好思路？

【　】5.你是否只會對一些經過千挑百選的朋友，才吐露自己的心事？

【　】6.與一群人交談時，你是否時常發覺自己在胡思亂想與話題無關的事？

【　】7.你是否時常避免表達自己的感受，因為你認為別人不會理解？

【　】8.當有人對你講解一些事情時，你是否時常覺得很難聚精會神地聽下去？

【　】9.當一些你不太熟悉的人對你傾訴他的生平遭遇以求同情時，你是否會覺得不自在？

評分規則

　　每題選「是」記3分，選「有時」記2分，選「否」記1分。各題得分相加，統計總分。

　　你的總分：_____

22~27分：這表示你只有在極需要的情況下，才會與別人交談，或者對方與你志同道合，但你仍不會以交談來發展友情。除非對方主動頻頻跟你接觸，否則你便總處於孤獨的個人世界裡。

15~21分：你大概比較熱衷與別人交朋友。如果跟對方不太熟悉，你開始會表現得很內向似的，不太願意跟對方交談。但時間久了，你便樂意常常交談，彼此變成很談得來。

9~14分：這表示你與別人交談不成問題。你非常懂得交際，善於營造一種熱烈的氣氛，鼓勵對方多開口，使得彼此十分融洽。

乙、諮詢

　　從某種意義上講，喜歡與人交談是心理健康的表現，更是客服工作者的基本要求之一。透過談話可以表達自己的喜怒哀樂，降低內心的壓力。在人際溝通中，可以彼此交流看法，傳遞訊

息，也可在溝通中，尋求主觀世界與客觀世界的平衡。一個人找不到談話對象時，就容易產生悲觀、失望等不良情緒。在人際交往中，人人都希望有一副好口才，但好口才並不只意味著滔滔不絕、唇槍舌劍。正所謂，能言並不等於會言。那麼，如何才稱得上會言呢？

1. 選擇合適的話題

選擇話題，首先，要考慮對方是否樂於接受。由於性別、年齡、職業、文化層次的不同，其思想水準、性格特徵、審美情趣，以及接受、理解語言的能力也會不同，自然地，在交際中對所感興趣的話題也不會相同。因此，在交際中要儘量選擇對方感興趣和熟悉的話題，例如：青年人對前途、愛情等話題較感興趣，而老年人對身體健康的話題較感興趣。其次，要根據不同的場合選擇話題。交際者要學會入境隨俗，力求言談話題及其表達形式與所在場合的氣氛相協調。悲慟的場合，要把令人高興的話題藏在心裡；隨便的場合，話題自然可以開放些；正規的場合，話題一定要注意尊重典雅。一定要認清哪些話題適宜大庭廣眾下提及，哪些話題只能在小家庭中談論，否則只會引起他人的反感。最後，要善於把話題引到自己想談論的問題上。

2. 根據別人的潛在心理說話

在與人交談時，要注意揣摩交際對象的心裡在想什麼。如果我們說的話與對方心理相吻合，受話人就樂於接受；反之，所說的話對方就會排斥，例如：某位同學拿著不及格的考卷在沉思，此時若和他談一些關於這次考試的話題，對方可能會覺得感興

趣；但如果和他談一些自己將要去旅遊的計畫，對方可能會覺得討厭你的談話。

3. 有些話不能說

　　每個人都有一些不願公開的秘密，尊重他人的隱私，是尊重他人人格的表現。所以，當在與他人交談時，切勿魯莽地隨意提及他人的隱私，這樣一來，他人就會願意與我們多交談。相反的，若不顧他人保留隱私的心理需要，盲目觸及對方的禁忌，一定會影響彼此的交談效果，並有可能引起對方的極度討厭。另外，最好不要主動提及他人的傷心事。與人談話，要留意他人的情緒，話題不要隨意觸及對方的「情感禁區」，例如：某位同學的父母離異，這給她的心靈帶來創傷，在與之交談時，對方又不願主動提及此事，此時最好迴避這類話題。當他人在生活中遇到某些不盡如人意的事時，在與之交談時，就應該主動迴避這些令人尷尬的話題，例如：對方沒有考上高考，就不該不顧對方的感受輕易提及某人已考上高考的事。總之，交談要避人所忌，不要令交談的雙方陷入難堪的境地。

4. 注意說話技巧

　　我們每個人都渴望自己善於購物，能用最少的錢買到最有價值物品，因為這是精明能幹的一種表現，例如：我們買了一套電腦，市場行情要賣20,000元左右，而我們卻只花了18,000元，當向同學展示此電腦的性能、速度的時候，如果有人說：「恐怕要值22,000元吧，因為我在網站商店看到同樣規格的電腦，就是這個價格。」想必你的感覺一定良好；但如果某位同學說：「這電

腦花15,000元買的吧,電腦現在都很便宜的。」想必我們一定不開心,覺得對方不識貨。但千萬不能過於高估,恐有虛假之意。每個人都希望自己年輕,尤其是老年人。如果你對老年人在稱呼時,既有尊重,又能夠讓對方覺得年輕,老年人一定會很高興,例如:不要在稱呼時加一個「老」字,直接說「先生」、「小姐」或「太太」。

5. 說話要設身處地

有些事情,從不同的角度看,就有不同的理解。人與人之間的交往,之所以容易出現矛盾紛擾,而且一時難以化解,主要是因為沒有站在他人的角度。如果讓自己進入對方的角色,或把自己置身於對方的情境,就會有另一番感受,例如:當他人遇到挫折,情緒低落的時候,我們都喜歡去替對方出主意,告訴對方應該如何、怎樣去做,好像以成功者自居,無形中就把對方當成了無能和失敗的人。因此,當他人失意時,最好不要談論自己的高見,而應該去理解、去支持、去鼓勵,使對方從失意中走出來,重整旗鼓,再展鴻圖。所以,與人交談,不妨把自己置於對方的境地來著想。

6. 說話多用商量的語氣

多用商量的語氣和對方商量某件事,客觀上就是讓對方參與了研究和討論,這不僅表示是基本的信任,還有邀請對方參加討論、決策的意思。這樣一來,對方也就會不自覺地把自己的見解,以參與者的語氣表達出來。因此,用商量的語氣說話是增進理解的妙方,例如:「請您幫我一個忙,可以嗎?」

7. 不該說的時候不要說

在交談中，有時是「此時無聲勝有聲」。保持沉默也能傳遞特定的訊息，有些時候甚至比有聲語言更有力量，或更得體，例如：不速之客久坐不肯離去，你又無時間與之閒聊，你可以沉默，對他的說話不予回答，相信他一定會很快意識到，並自行告退。

Appendix 1

能力測驗與諮詢

08
應變能力

甲、測驗

在現實社會中，「變化」是我們這個時代非常顯著的一個特點。一個人能否跟上時代的節拍與社會的發展，應變能力是很重要的參考指標。這種才能除了天生以外，還必須具備一定的知識、膽識和個性。下面的問題有助於了解你自己的應變能力，請作出最適合你的選擇。

【 】1.對於急救知識，你：

A.掌握很多

B.稍微掌握一些

C.很少掌握

【 】2.見到出血，你：

A.感到眩暈，很長時間不能恢復常態

B.有些不舒服

C.無所謂

【 】3.在街上遇到突發事件時，你的反應如何？

A.退避三舍

B.好奇她走近圍觀

C.看看自己能否助一臂之力

【 】4.假如你是事變的見證，你是否能積極配合有關部門，陳述
經過的情形？

A.是的

B.不是

C.不一定

【 】5.假如有人衣服突然著火，你會：

A.拿水澆滅它

B.替他把著火的衣服脫掉

C.用毯子把他裹起來

【 】6.你是否有足量的戶外運動？

A.很多

B.一般

C.很少

【 】7.假如你遭到意外的打擊，你會：

A.感到頭暈眼花，不過幾秒鐘後就恢復

B.不知所措，以至數分鐘之久

C.一段時間內，都處於傷感、悲痛之中

【 】8.當他人敘述以往的經歷或笑話時，你記憶的速度會：

A.比其他人更勝一籌

B.與其他人相同

C.比其他人略差

【 】9.你是否有豐富的想像力？

　　　A.是的

　　　B.不是

　　　C.不一定

【 】10.你對下列哪項最為害怕？

　　　A.老鼠、蛇

　　　B.黑暗和傳說中的鬼怪

　　　C.大聲響

【 】11.面對危急的時刻，你：

　　　A.很鎮靜

　　　B.很焦急

　　　C.不一定

【 】12.如果有人在匆忙中告訴你一件事，你能：

　　　A.記住一部分

　　　B.忙亂之中，一點兒也記不清

　　　C.完全記住

【 】13.假如你去補牙，你有疼痛感，你會：

　　　A.馬上告訴醫生

　　　B.實在忍不住，才跟醫生說

　　　C.忍著痛不說，希望快點補好

【 】14.如果你決意要得到一件東西，那麼你：

　　　A.一定能夠得到

　　　B.不一定能得到

　　　C.肯定得不到

【　】15.過馬路時，假如你被夾在車陣之中，你會：

A.退回原處

B.仍然跑過去

C.站立不動

【　】16.當你知道將要遭遇不愉快的事時，你會：

A.自我進入恐怖狀態

B.相信事實並不會比預料的更差

C.毫不在乎

【　】17.假如有人介紹工作給你，你會選擇：

A.工資低，而不需負責的

B.工資高，但責任重大的

C.不一定

【　】18.假如你的友人突然帶來一個你不喜歡的人到你家裡，你會：

A.表示驚奇

B.暫時忍耐，以後再把實情告訴你的朋友

C.把你的感覺完全隱藏著

評分規則

根據下列表格，將各題得分相加，統計總分。

	A	B	C
1	5	2	0
2	0	2	5
3	0	0	5
4	5	0	0
5	0	0	5
6	5	2	0
7	5	2	0
8	5	2	0
9	0	5	2
10	0	0	5
11	5	0	0
12	2	0	5
13	0	2	5
14	5	0	0
15	0	0	5
16	0	5	0
17	0	5	0
18	0	2	5

你的總分＿＿＿＿＿＿

60~90分：說明你對應付事情變化很有把握，而且你的自制
力、勇氣和機智都是超乎常人，你有很大的自信
心。

21~59分：說明你對於一般的事情變化都能應付，你的神經系統的反應正常而平衡，適當學一些應急方法，也許對你有益，可以增加你的自信心。

0~20分：你必須留意自己，同時努力學習一些應變的常識，以培養自己的自信心。

乙、諮詢

應變能力是客服工作者應當具有的基本能力之一。在當今社會中，我們每個人每天都要面對非常多的訊息，如何迅速地分析這些訊息，是人們把握時代脈動與跟上時代潮流的關鍵。另一方面，隨著社會競爭的加劇，人們所面臨的變化和壓力也與日俱增，每個人都可能面臨選擇工作、離職換工作等方面的困擾。努力提高自己的應變能力，對保持健康的心理狀況是很有幫助的。

我們每個人的應變能力可能不盡相同，造成這種差異的主要原因，一方面可能是先天的因素，例如多血質的人比粘液質的人應變能力高些。也可能有後天因素，例如長期從事緊張工作的人，比工作安逸的人應變能力高些。因此應變能力也是可以透過某種方法加以培養的。對於應變能力高的人，要正確地選擇職業，將自己的能力服務於社會；而對於應變能力低的人，在選擇適合自己職業的同時，還要努力進行應變能力的培養。

人在選擇職業和進行人生的其他選擇時，除了考慮客觀條件和個人的興趣外，還應該充分認識自己，考慮一下自己的應變能力是否適合於進行這樣的選擇。一般來講，應變能力高的人可以選擇需要靈活反應的工作，例如運動員、推銷員、調度員等等，

這些工作需要人們在外界環境或條件有較大變化時,具有良好的調節能力。相反的,應變能力低的人可以選擇一些要求持久、細緻的工作,如氣象、財務會計、精密儀器等,在這些工作中,外界環境或條件的變化不是很大,對人們應變能力的要求也相對低些。當然,應變能力還是可以透過練習,來逐步培養和提高的,我們可以從以下幾點入手。

1. 多參加富有挑戰性的活動,擴大個人的交往範圍

在實踐活動中,我們必然會遇到各種問題和實際的困難,努力去解決問題和克服困難的過程,就是增強個人應變能力的過程。無論家庭、工作場所,或是小團體,都是社會的一個縮影,在這些相對較小的範圍內,我們可能會遇到各種需要應變能力才能解決的問題。因此,只有首先學會應變各種各樣的人,才能推而廣之,應付各種複雜環境。只有提高自己在較小範圍內的應變能力,才能應付更為複雜的社會問題。實際上,擴大自己的交往範圍,也是一個不斷練習的過程。

2. 加強自身的修養,注意改變不良的習慣和惰性

應變能力高的人,往往能夠在複雜的環境中沉著應對,而不是緊張和莽撞行事。在工作、學習和日常生活中,遇事沉著冷靜,學會自我審查、自我監督、自我鼓勵,有助於培養良好的應變能力。假如我們遇事總是遲疑不決、優柔寡斷,就要主動地鍛鍊自己分析問題的能力,迅速作出決定。假如我們總是因循守舊、半途而廢,那就要從小事做起,努力控制自己,不達目標不罷休;只要下決心鍛鍊,人的應變能力會不斷增強的。

Appendix 2

專業證照介紹

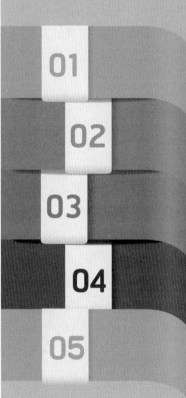

01   SIM.顧客服務管理師

02   CSIM服務稽核管理師

03   SQMM服務品質經營師

04   SQMI服務品質專業講師

05   SQMC服務品質顧問師

顧客服務的專業證照由「台灣服務禮儀管理協會」主辦。詳細內容請向該協會上官方網站http://www.gsp.org.tw/查詢。專業證照分為以下五類：一、顧客服務管理師；二、服務稽核管理師；三、服務品質經營師；四、服務品質專業講師；五、服務品質顧問師。

01
SIM.顧客服務管理師

證照加值力

1. 改善服務應對不足問題。
2. 提升個人職場服務應對能力。
3. 熟悉優質服務應對技巧。
4. 熟悉貼心服務能力。
5. 提升個人服務敏感度的觀察力。
6. 拓展個人人際能力，提升職場服務競爭力。

證照課程單元

項目	時數	單元
1	3小時	服務理念與顧客關係
2	3小時	表情與聲音管理
3	3小時	儀態禮儀表達管理
4	3小時	問候應對進退管理
5	3小時	容貌服裝管理
6	3小時	電話接待禮儀管理

Appendix 2
專業證照介紹

7	3小時	溝通對話禮節管理
8	3小時	顧客抱怨處理管理
9	3小時	考試：筆試＋面試
總計	24小時（課程24小時）未含筆試面試時間	

考照相關說明

培訓對象：客服人員、營業員、門市服務人員

客服與第一線人員與客服及營運主管認同之企業如下：奇美新視代科技、中華網龍科技、HOLA、特力屋、平雲山都渡假飯店、長榮桂冠酒店、振宇五金、福特上立汽車、遠傳電信、中華電信、衛生署中南區各醫院、秀傳醫院、國仁醫院、光田醫院、血液基金會、大林慈濟醫院、臺北市立聯合醫院、壢新醫院、麗寶樂園、立川漁場、義大遊樂世界……等超過百家以上企業

考試資格：完成顧客服務管理師課程

考試科目：1.進行筆試測驗，筆試內容為填充題與申論題，合格成績：80分以上。

2.筆試及格後再進行面試，面試為服務題目抽測，合格成績：錯誤率3題以下（含第3題）。

考試型態：筆試、面試

02

CSIM服務稽核管理師

證照加值力

1. 成為專業服務稽核調查員，增加個人職場服務力的提升。

2. 清楚職場服務人員顧客滿意原理原則。

3. 增加於客服部門競爭力。

4. 協助企業做好服務改善能力。

5. 了解企業組織做好服務完整構面，降低顧客抱怨發生機率。

6. 清楚各行業服務要求，提升企業服務競爭力。

證照課程單元

項目	時數	單元
1	3小時	顧客服務品質管理
2	3小時	服務敏感度與朋友式關係建立
3	6小時	服務稽核意義與調查方法
4	6小時	現場服務稽核指導（外部實地稽核指導與觀察）

5	6小時	服務稽核報告撰寫（外部實地稽核＋報告撰寫＋稽核簡報報告）
6	---	3份有效之服務稽核調查報告
7	3小時	考試：筆試＋術科

考照相關說明

培訓對象：服務稽核調查人員、客服部專員、客服部主管

客服幹部或營運幹部與主管認同之企業如下：HOLA、特力屋、遠傳電信、中華電信、 衛生署中南區各醫院、澄清醫院、台中榮民醫院——嘉義分院、台北市立聯合醫院、光田醫院、大林慈濟醫院、……等超過百家以上企業

考試資格：通過顧客服務管理師認證，並完成服務稽核管理師課程

考試科目：1.進行筆試測驗，筆試內容為填充題與申論題，合格成績：80分以上。

2.筆試及格後再進行術科考試，術科為現場報告製作，合格成績：80分以上。

考試型態：筆試、面試

03
SQMM服務品質經營師

證照加值力

1. 提升服務經營管理能力。
2. 能洞悉服務缺口問題，並協助職場進行服務管理改善。
3. 設計滿足顧客的服務流程，讓同仁得以有效遵循。
4. 中階主管成為高階主管服務競爭力的提升。

證照課程單元

項目	時數	單元
1	6小時	服務禮儀技巧與服務流程設計
2	6小時	顧客滿意調查與分析
3	6小時	服務稽核調查暨服務稽核題目設定
4	6小時	服務稽核調查暨服務稽核報告分析與服務績效評估
5	---	1份顧客滿意度調查分析報告（至少20份顧客問卷）
6	---	1份服務稽核管理改善報告

7	3小時	考試：筆試＋術科
總計	24小時（課程24小時＋報告2份），未含筆試＋術科考試時間	

考照相關說明

培訓對象：門市店長、客服部門主管、企業中階管理主管

客服幹部或營運幹部與主管認同之企業如下：HOLA、特力屋、中華電信、澄清醫院、台北市立聯合醫院、台中榮民醫院——嘉義分院、光田醫院、大林慈濟醫院、新竹老爺大酒店、長榮桂冠酒店……等超過百家以上企業

考試資格：通過顧客服務管理師認證，並完成服務品質經營師課程

考試科目：1.進行筆試測驗，筆試內容為選擇、填充與問答題，合格成績：80分以上。

　　　　　2.筆試及格後再進行術科考試，術科為現場報告製作，合格成績：80分以上。

考試型態：筆試、面試

04

SQMI服務品質專業講師

證照加值力

1. 清楚服務禮儀講師教學技巧與教學應變狀況之處理。
2. 訓練口才口條表達能力。
3. 成為企業內部服務禮儀專業講師。
4. 協助企業做好服務禮儀推動者。
5. 協助企業做好服務禮儀教學與教導任務。
6. 提升個人價值觀與拓展人生視野。
7. 增加個人職涯能力。

證照課程單元

項目	時數	單元
1	3小時	講師角色功能及規劃發展
2	3小時	實用教案設計秘訣
3	3小時	服務禮儀多媒體簡報製作技巧
4	3小時	服務禮儀授課技巧及活動進行技法
5	18小時	BIM行為形像服務禮儀系統課程教學

6	---	3份投影片報告＋3場服務禮儀課程試教
7	3小時	考試：筆試+術科
總計	30小時（課程30小時＋報告3份＋試教3場），未含筆試＋術科考試時間

考照相關說明

培訓對象：企業服務禮儀內訓講師、服務禮儀講師、客服部門主管

考試資格：通過服務稽核管理師認證，並完成服務品質專業講師課程訓練

考試科目：1.進行筆試測驗，筆試內容為選擇、填充與問答題，合格成績：80分以上。

2.筆試及格後再進行術科考試，術科為現場投影片製作與服務禮儀課程教學，合格成績：錯誤率3題以下（含第3題）。

考試型態：筆試、面試

05

SQMC服務品質顧問師

證照加值力

1. 成為服務品質專業輔導顧問。
2. 成為專業的服務品質輔導顧問。
3. 協助企業做好服務品質管理輔導任務。
4. 企業經營管理主管服務品質管理能力的提升。
5. 協助企業推動服務品質改善專案主管。
6. 清楚了解國際服務品質流程設計，提升企業服務品質競爭力。
7. 使企業深獲顧客滿意與忠誠度的能力提升。

證照課程單元

項目	時數	單元
1	6小時	服務藍圖設計
2	6小時	服務創新管理設計與服務問題分析解決
3	12小時	國際服務品質標準書制定與設計
4	12小時	務管理應用與現場輔導

Appendix 2
專業證照介紹

5	---	1份服務品質標準書報告
6	---	1份服務管理輔導分析報告
7	3小時	考試：筆試+術科
總計	36小時（課程36小時＋報告2份），未含筆試＋術科考試時間	

考照相關說明

培訓對象：企業主、企業經營主管、企業高階主管、企管輔導講師顧問

考試資格：通過顧客服務管理師認證、通過服務品質經營師認證、通過服務品質專業講師認證等三項資格後，並完成服務品質顧問師課程

考試科目：1.進行筆試測驗，筆試內容為選擇、填充與問答題，合格成績：80分以上。

2.筆試及格後再進行術科考試，術科為服務管理簡報發表，合格成績：錯誤率3題以下（含第3題）。

考試型態：筆試、面試

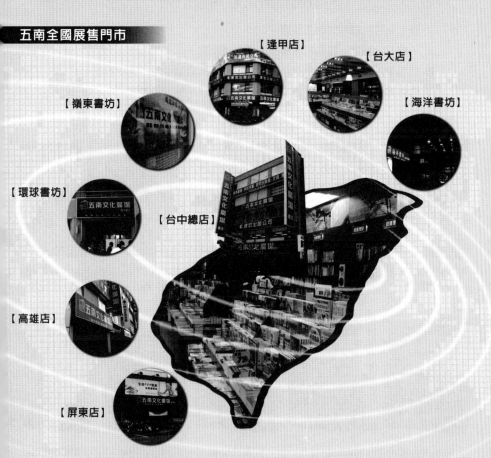

五南圖解財經商管系列

※ 最有系統的圖解財經工具書。

※ 一單元一概念,精簡扼要傳授財經必備知識。

※ 超越傳統書籍,結合實務精華理論,提升就業競爭力,與時俱進。

※ 內容完整,架構清晰,圖文並茂‧容易理解‧快速吸收。

圖解財務報表分析
/ 馬嘉應

圖解物流管理
/ 張福榮

圖解企劃案撰寫
/ 戴國良

圖解企業管理(MBA學)
/ 戴國良

圖解企業危機管理
/ 朱延智

圖解行銷學
/ 戴國良

圖解策略管理
/ 戴國良

圖解管理學
/ 戴國良

圖解經濟學
/ 伍忠賢

圖解國貿實務
/ 李淑茹

圖解會計學
/ 趙敏希
馬嘉應教授審定

圖解作業研究
/ 趙元和、趙英宏、
趙敏希

圖解人力資源管理
/ 戴國良

圖解財務管理
/ 戴國良

圖解領導學
/ 戴國良

國家圖書館出版品預行編目資料

顧客服務管理：掌握客服心理的優勢 / 林仁和
著. －－初版. －－臺北市：五南, 2013.09
　面；　公分
ISBN 978-957-11-7235-4（平裝）
1.顧客服務 2.顧客關係管理
496.5　　　　　　　　　　102014234

1FT4

顧客服務管理：
掌握客服心理的優勢

作　　　者－	林仁和
發 行 人－	楊榮川
總 編 輯－	王翠華
主　　　編－	張毓芬
責 任 編 輯－	侯家嵐
文 字 編 輯－	陳欣欣
封 面 設 計－	盧盈良
內 文 排 版－	張淑貞

發 行 者－五南圖書出版股份有限公司

地　　　址：106 台北市大安區和平東路二段 339 號 4 樓

電　　　話：(02)2705-5066

傳　　　真：(02)2706-6100

網　　　址：http://www.wunan.com.tw

電子郵件：wunan@wunan.com.tw

劃撥帳號：01068953

戶　　　名：五南圖書出版股份有限公司

台中市駐區辦公室 / 台中市中區中山路 6 號

電　　　話：(04)2223-0891

傳　　　真：(04)2223-3549

高雄市駐區辦公室 / 高雄市新興區中山一路 290 號

電　　　話：(07)2358-702

傳　　　真：(07)2350-236

法律顧問　林勝安律師事務所　林勝安律師

出 版 日 期　2013 年 9 月初版一刷

定　　　價　新臺幣 450 元